Kristallmodelle

Symmetriemodelle der 32 Kristallklassen
zum Selbstbau

von
Dipl.-Min. Dr. Rüdiger Borchardt und
Dipl.-Min. Siegfried Turowski

Oldenbourg Verlag München

Dipl.-Min. Dr. Rüdiger Borchardt ist Akademischer Oberrat am Institut für Anorganische und Analytische Chemie der Justus-Liebig-Universität Gießen. Seine Hauptinteressengebiete sind die polarisationsmikroskopische Analyse optisch anisotroper Substanzen sowie die mikrochemische Analytik.

Dipl.-Min. Siegfried Turowski arbeitet als wissenschaftlicher Angestellter in der Abteilung Arbeits- und Sozialmedizin der Georg-August-Universität Göttingen. Seine Hauptinteressengebiete sind anorganische Stäube und Fasern sowie deren Wirkungen auf die Gesundheit des Menschen.

Bibliografische Information der Deutschen Nationalbibliothek

Die Deutsche Nationalbibliothek verzeichnet diese Publikation in der Deutschen Nationalbibliografie; detaillierte bibliografische Daten sind im Internet über <http://dnb.d-nb.de> abrufbar.

© 2008 Oldenbourg Wissenschaftsverlag GmbH
Rosenheimer Straße 145, D-81671 München
Telefon: (089) 4 50 51-0
oldenbourg.de

Lektorat: Kathrin Mönch
Herstellung: Anna Grosser
Coverentwurf: Kochan & Partner, München
Gedruckt auf säure- und chlorfreiem Papier
Gesamtherstellung: Druckhaus „Thomas Müntzer" GmbH, Bad Langensalza

ISBN 978-3-486-58449-3

Sage es mir
und ich werde es vergessen,
zeige es mir
und ich werde es vielleicht behalten,
lass es mich tun
und ich werde es können.

Johann Wolfgang von Goethe

Vorwort

Im Sinne J.W. von Goethes ist es wichtig, sich von dem Vorurteil zu befreien, das Bauen von Modellen sei eine Spielerei, die nur Zeit in Anspruch nimmt, aber keinen Nutzen bringt.

Viele Dinge, wie z.B. die räumliche Ausdehnung von Kristallen, die Formen von Flächen oder die Lage von Achsen und Spiegelebenen im Kristall, sind erst in Modellen anschaulich zu betrachten und die Funktion der beiden Letztgenannten ist erst in Modellen logisch nachvollziehbar.

In 3-dimensionalen Zeichnungen können die Kristalldarstellungen perspektivisch so stark verzerrt sein, dass Flächen ganz andere Formen und Symmetrien zu haben scheinen als die tatsächlichen. Auch beschreibende Texte können diese Schwäche nicht vollständig beheben.

Aus diesen Gründen suchten wir nach anderen Möglichkeiten, die Symmetrie idealer Kristalle in Modellen anschaulich und be*greiflich* zu machen. So ist dieser Modellbausatz entstanden, der alle wichtigen Angaben zur Symmetrie auf den Modellen selbst angibt. Damit können alle kristallographisch relevanten Merkmale an den fertig aufgebauten Kristallmodellen problemlos wiedergefunden werden. Die Modellbaubögen sind in sieben Farben (pro Kristallsystem eine Farbe) gegliedert.

Im Buch „Symmetrielehre der Kristallographie"[*] befinden sich eine ausführliche theoretische Einführung und zahlreiche Tabellen, die diese Loseblattsammlung ergänzen und vertiefen.

Mit dem vorliegenden Modellbausatz können sich alle Interessierten eine eigene Sammlung aufbauen und erhalten zusätzlich einen Satz Lernkarten. Dies ist gerade für Studierende, die ihr Wissen durch Übungen und Wiederholungen z.B. vor Prüfungen in aller Ruhe zu Hause oder in Lerngruppen vertiefen möchten, von großem Wert. Damit sind sie zugleich unabhängig vom Bestand und von den Öffnungszeiten institutseigener Sammlungen. Es sei darauf hingewiesen, dass in dieser Loseblattsammlung nur ideale Modelle der allgemeinen Form für alle Kristallklassen enthalten sind; reale Kristalle können eine

---

[*] Borchardt, R.; Turowski, S. (1999); Symmetrielehre der Kristallographie; Oldenbourg Wissenschaftsverlag, München, Wien.

sehr große Formenvielfalt aufweisen. Weiterhin liegen z.B. mit Verzwillingungen und Mischkristallen in der Natur häufig sehr viel komplexer zusammengesetzte Kristalle vor.

Für das Zustandekommen der Loseblattsammlung danken wir dem Oldenbourg Wissenschaftsverlag. Hier vor allem Frau Mönch und Frau Horn für ihren Einsatz und die verständnisvolle Zusammenarbeit.

Allen Anwendern wünschen wir viel Spaß beim Aufbau und Studium der Symmetriemodelle.

Gießen und Göttingen   Rüdiger Borchardt
                                                        Siegfried Turowski

Kristallmodelle

Zeichenerklärung und Abkürzungen

Abkürzungen

a   a-Achse

a_1, a_2 a_1- und a_2-Achsen (bei trigonalen, hexagonalen, tetragonalen und kubischen Kristallen)

a_3 a_3-Achse (bei trigonalen, hexagonalen und kubischen Kristallen)

b   b-Achse

c   c-Achse

Zeichenerklärung

$\overline{1}$ Inversionszentrum (sprich: eins quer)

m   Spiegellinie, Spiegelebene (entspricht einer 2-zähligen Drehinversionsachse)

⬩   (2); 2-zählige Drehachse

▲   (3); 3-zählige Drehachse

◬   ($\overline{3}$); 3-zählige Drehinversionsachse (sprich: 3 quer)

■   (4); 4-zählige Drehachse

◪   ($\overline{4}$); 4-zählige Drehinversionsachse (sprich: 4 quer)

⬢   (6); 6-zählige Drehachse

⬡   ($\overline{6}$); 6-zählige Drehinversionsachse (sprich: 6 quer; entspricht einer 3/m)

$\dfrac{2}{m}$ Spiegelebene senkrecht zu einer 2-zähligen Drehachse (sprich: zwei über m), z.T. auch als 2/m geschrieben; das Gleiche gilt für 4/m und 6/m

p   polare Achsen; diese Achsen stoßen an unterschiedlich geformten Enden des Kristalls aus (z.B. Pyramide)

∥   parallel zu ...

⊥   senkrecht zu ...

Tabelle der 32 Kristallklassen

Formbezeichnung	Internationales Symbol nach Hermann-Mauguin	Kurz-schreibweise	Schoenflies-Symbol	Modell-Nr.
kubisch				
Hexakisoktaeder	$\dfrac{4}{m}\,\bar{3}\,\dfrac{2}{m}$	$m\,\bar{3}\,m$	O_h	1
Pentagonikositetraeder	432	432	O	2
Disdodekaeder	$\dfrac{2}{m}\,\bar{3}$	$m\,\bar{3}$	T_h	3
Hexakistetraeder	$\bar{4}3m$	$\bar{4}3m$	T_d	4
tetraedrisches Pentagondodekaeder	23	23	T	5
tetragonal				
ditetragonale Dipyramide	$\dfrac{4}{m}\,\dfrac{2}{m}\,\dfrac{2}{m}$	$\dfrac{4}{m}\,mm$	D_{4h}	6
tetragonales Trapezoeder	422	422	D_4	7
tetragonale Dipyramide	$\dfrac{4}{m}$	$\dfrac{4}{m}$	C_{4h}	8
tetragonales (didigonales) Skalenoeder	$\bar{4}2m$	$\bar{4}2m$	D_{2d}	9
tetragonales Disphenoid	$\bar{4}$	$\bar{4}$	S_4	10
ditetragonale Pyramide	4mm	4mm	C_{4v}	11
tetragonale Pyramide	4	4	C_4	12
hexagonal				
dihexagonale Dipyramide	$\dfrac{6}{m}\,\dfrac{2}{m}\,\dfrac{2}{m}$	$\dfrac{6}{m}\,mm$	D_{6h}	13
hexagonales Trapezoeder	622	622	D_6	14
hexagonale Dipyramide	$\dfrac{6}{m}$	$\dfrac{6}{m}$	C_{6h}	15
ditrigonale Dipyramide	$\bar{6}\,m2$	$\bar{6}\,m2$	D_{3h}	16
trigonale Dipyramide	$\bar{6}$	$\bar{6}$	C_{3h}	17
dihexagonale Pyramide	6mm	6mm	C_{6v}	18
hexagonale Pyramide	6	6	C_6	19

Formbezeichnung	Internationales Symbol nach Hermann-Mauguin	Kurz-schreibweise	Schoenflies-Symbol	Modell-Nr.
trigonal				
ditrigonales Skalenoeder	$\bar{3}\,\frac{2}{m}$	$\bar{3}\,m$	D_{3d}	20
trigonales Trapezoeder	32	32	D_3	21
trigonales Rhomboeder	$\bar{3}$	$\bar{3}$	C_{3i}	22
ditrigonale Pyramide	3m	3m	C_{3v}	23
trigonale Pyramide	3	3	C_3	24
orthorhombisch				
rhombische Dipyramide	$\frac{2}{m}\,\frac{2}{m}\,\frac{2}{m}$	mmm	D_{2h}	25
rhombisches Disphenoid	222	222	D_2	26
rhombische Pyramide	mm2	mm2	C_{2v}	27
monoklin				
rhombisches Prisma	$\frac{2}{m}$	$\frac{2}{m}$	C_{2h}	28
Doma	m	m	C_s	29
Sphenoid	2	2	C_2	30
triklin				
triklines Pinakoid	$\bar{1}$	$\bar{1}$	C_i	31
triklines Pedion	1	1	C_1	32

Symbolik nach Schoenflies

Die Schoenflies-Symbolik ist veraltet und international nicht mehr gebräuchlich. Sie ist hier jedoch der Vollständigkeit halber angegeben, da sie in älteren Lehrbüchern und großen Tabellenwerken noch vorkommt.

C = cyklisch   D = Dieder   T = Tetraeder   O = Oktaeder
h = horizontal   v = vertikal   d = diagonal   S = Spiegelung   i = Inversionszentrum

Einführung in den Modellbau

Darstellung der Kristalle und Systematik der Tabellen auf den Modellbaubögen

Die Kristalle werden auf den Modellbaubögen als „Drahtmodelle" abgebildet, d.h., es werden nur die Kanten der Flächen dargestellt. Die hinteren Kristallkanten sind mit dünneren Linien gezeichnet. In den Kristallabbildungen der allgemeinen Form sind der Übersichtlichkeit halber nur die kristallographischen Achsen eingetragen. Abbildungen der Lage aller Symmetrieelemente finden sich im Buch „Symmetrielehre der Kristallographie" von Borchardt und Turowski (1999).

Die Tabellen der Symmetrieelemente sind nach der Zähligkeit der Dreh- bzw. Drehinversionsachsen abgestuft, polare Achsen sind mit einem „p" gekennzeichnet. Danach folgen das Inversionszentrum „i" und die Spiegelebenen „m". Zu jedem vorhandenen Symmetrieelement sind Anzahl und Lage im Kristall angegeben. Zusätzlich wird angegeben, ob Enantiomorphie der Kristalle vorliegt.

Enantiomorphie bedeutet „Spiegelbildlichkeit" und entspricht dem Begriff „Chiralität" in der Chemie. Kristalle verhalten sich zueinander wie die rechte und linke Hand und können nicht durch Drehungen ineinander überführt werden.

Lernkarten

Die unten auf den Modellbauseiten angeordneten Abbildungen und Tabellen können entlang der gestrichelten Linie abgetrennt werden. Mittig gefaltet und zusammengeklebt entstehen daraus Lernkarten, bei denen auf der einen Seite die Angaben zur Kristallographie aufgeführt sind und auf der anderen Seite der Kristall in allgemeiner Flächenlage mit den kristallographischen Achsen abgebildet ist.

Symbolik der Modellbaubögen

Alle Faltlinien sind als feine durchgezogene schwarze Linien gezeichnet. Für Spiegelebenen wurden fette Linien verwendet, sofern sie innerhalb der Flächen verlaufen. Fallen Spiegelebenen und Schnitt- oder Faltkanten zusammen, sind sie fein gezeichnet und zusätzlich mit einem „m" markiert.

Die Klebelaschen sind als grau unterlegte Flächen abgebildet.

Für die Modelle wurden stets allgemeine Flächenlagen ausgewählt, da sich davon auch die Namen der Kristallklassen ableiten. Wenn sich durch die Aufstellung mit speziellen Flächenlagen höhere Symmetrien ergeben (z.B. tetragonale Dipyramide), wurden die Austrittstellen der kristallographischen Achsen in der allgemeinen Flächenlage zusätzlich eingezeichnet. Dies gilt für 7 Kristallklassen der wirteligen Kristallsysteme (trigonal, hexagonal und tetragonal) und zwar für 3, $\bar{3}$, 4, 4/m, 6, $\bar{6}$ und 6/m. In den anderen Fällen wurde auf das Einzeichnen der Achsen verzichtet.

Zur Kennzeichnung der Symmetrie wurden die international gebräuchlichen Symbole verwendet. Das Symbol nach Hermann-Mauguin, die Bezeichnung der Form und die Nummer sind bei jedem Modell auf einer Fläche abgedruckt.

Hinweise zum Aufbau der Modelle

Es ist sinnvoll, mit dem Aufbau niedrigsymmetrischer Modelle anzufangen, da bei den kubischen Kristallen eine sehr große Flächenzahl vorhanden ist. Dadurch ist z.T. eine komplizierte Anordnung auf der Vorlage notwendig, die den Aufbau schwieriger gestaltet, da teilweise nur sehr kleine Klebelaschen vorhanden sind.

Zuerst müssen die Modelle entlang der Außenkanten (Flächen bzw. Klebelaschen) ausgeschnitten werden. Die Klebelaschen sind grau schattiert.

Alle dünn gezeichneten durchgehenden Linien sind zu falten, die fett eingezeichneten Linien nicht. Um das Falten für den Aufbau zu erleichtern, sollten die Knicklinien vorsichtig entlang der vorgezeichneten Linien angeritzt werden. Vorsicht: Nicht die Pappe durchschneiden! Es empfiehlt sich, alle Faltlinien zuerst vorzuknicken.

Das Zusammenkleben funktioniert am besten, wenn man immer nur so viele Laschen mit Kleber einstreicht, wie gerade eben benötigt werden, um eine weitere Seite des Modells vollständig festzukleben. Es empfiehlt sich, den Klebstoff wenige Sekunden antrocknen zu lassen, bevor man die Flächen und die Laschen zusammenpresst. Als Klebstoff eignen sich nicht tropfende Papierkleber; Klebestifte sind nicht zu empfehlen, da sie keine ausreichende Stabilität der Klebestellen ergeben und nach einiger Zeit austrocknen. Dies kann dazu führen, dass sich die Klebestellen lösen.

Die Modelle sind, soweit dies möglich war, so konstruiert, dass eine Seite ohne Klebelaschen auskommt. Diese kann dann als letzte Fläche flach auf die mit Klebstoff bestrichenen Laschen der bereits befestigten Seiten aufgelegt und angedrückt werden. Das erleichtert den endgültigen Zusammenbau erheblich.

Literaturverzeichnis

Dieses Verzeichnis erhebt keinen Anspruch auf Vollständigkeit. Es soll nur einige Hinweise auf weiterführende Literatur auf dem Gebiet der Kristallographie geben.

Borchardt-Ott, W. (2007); Kristallographie. Eine Einführung für Naturwissenschaftler, 6. vollständig überarbeitete Auflage; Springer Verlag, Berlin, Heidelberg

Borchardt, R.; Turowski, S. (1999); Symmetrielehre der Kristallographie. Modelle der 32 Kristallklassen zum Selbstbau; Oldenbourg Verlag, München, Wien

Buerger, M.J. (1977); Kristallographie. Eine Einführung in die geometrische und röntgenographische Kristallkunde; Verlag Walter de Gruyter, Berlin, New York

Correns, C.W.; Zemann, J.; Kortnig, S. (1982); Einführung in die Mineralogie, Kristallographie und Petrologie; Springer-Verlag, Berlin, Heidelberg

Hahn, T. (2005); International Tables for Crystallography: A, 5. Auflage; Springer Netherlands

Nickel, E.H. (1995); European Journal of Mineralogy 7: 1213-1215

Kleber, W.; Bautsch, H.-J.; Bohm, J. (2002); Einführung in die Kristallographie, 18. stark bearbeitete Auflage; Oldenbourg Verlag, München, Wien

Okrusch, M.; Matthes, S. (2005); Mineralogie. Eine Einführung in die spezielle Mineralogie, Petrologie und Lagerstättenkunde, 7. Auflage; Springer Verlag, Berlin, Heidelberg

Oberholzer, W.F.; Dietrich, V. (1989); Tabellen zum Mineral- und Gesteinsbestimmen. Kurse für Universität und ETH-Zürich; vdf, Verlag der Fachvereine Zürich

Rösler, H.J. (1991); Lehrbuch der Mineralogie, 5. unveränderte Auflage; Deutscher Verlag für Grundstoffindustrie, Leipzig

Modell-Nr. 1

Kristallsystem: kubisch
Kristallklasse: hexakisoktaedrisch

Symbol nach Hermann-Mauguin: $\frac{4}{m}\ \bar{3}\ \frac{2}{m}$
Kurzschreibweise: m$\bar{3}$m
Schoenflies: O_h

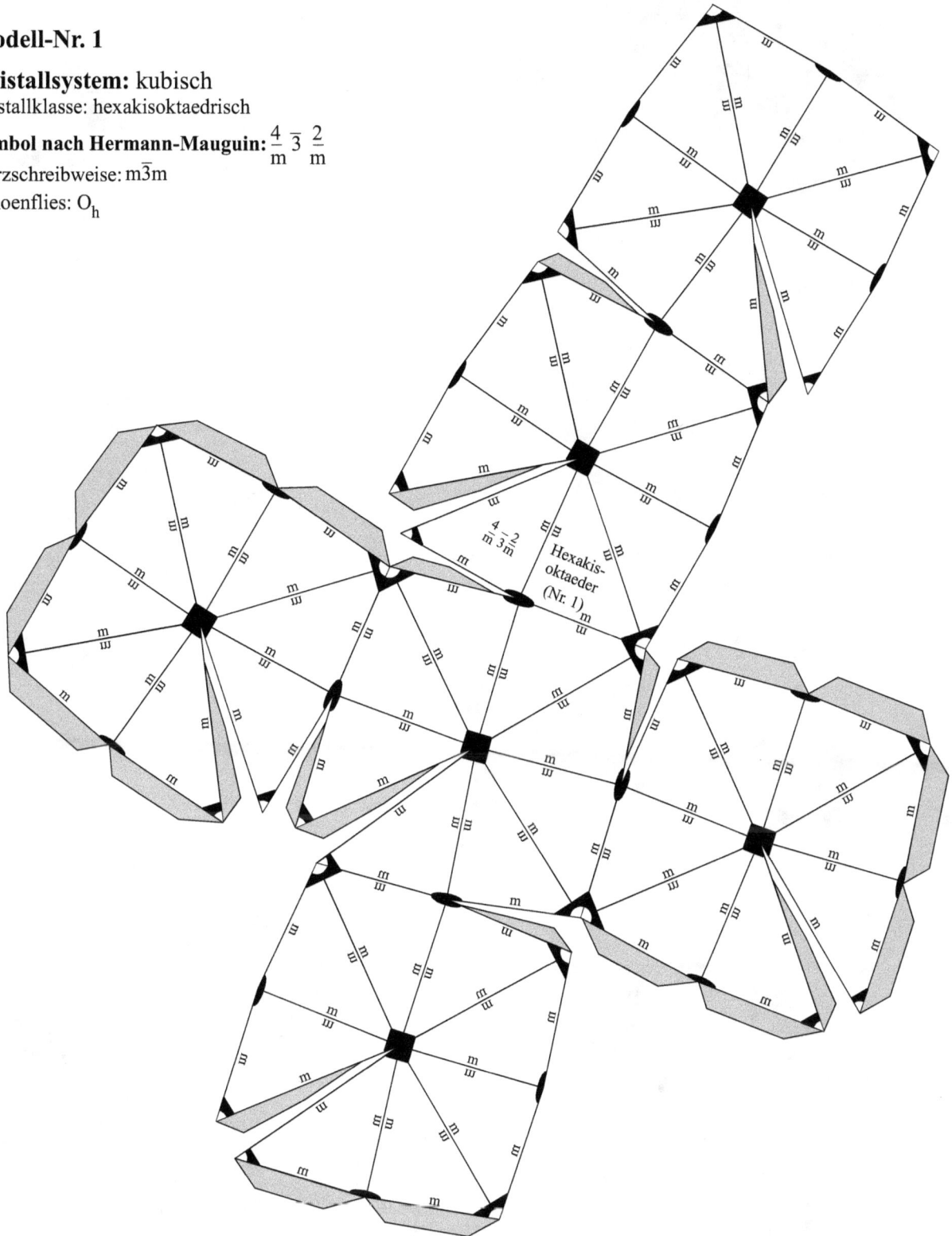

(Within the net diagram:)
$\frac{4}{m}\ \bar{3}\ \frac{2}{m}$
Hexakis-oktaeder (Nr. 1)

Modell-Nr. 1

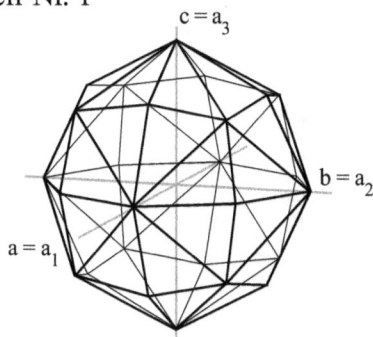

$c = a_3$
$b = a_2$
$a = a_1$

Kristall der allgemeinen Form
mit kristallographischen Achsen

hexakisoktaedrische Kristallklasse

Symbol nach Hermann-Mauguin: $\frac{4}{m}\ \bar{3}\ \frac{2}{m}$ Kurzschreibweise: m$\bar{3}$m

Symmetrieelemente	Symbol	Anzahl	Lage im Kristall
4-zählige Drehachsen	■	3	∥ zu den a_1-, a_2- und a_3-Achsen
3-zählige Drehinversionsachsen	△	4	∥ zu den Raumdiagonalen des Würfels
2-zählige Drehachsen	●	6	∥ zu den Flächendiagonalen des Würfels
Inversionszentrum	$\bar{1}$	1	Kristallzentrum
Spiegelebenen	m	3	⊥ zu den a_1-, a_2- und a_3-Achsen
Spiegelebenen	m	6	⊥ zu den Flächendiagonalen des Würfels
Enantiomorphie	nicht vorhanden		

Modell-Nr. 2

Kristallsystem: kubisch

Kristallklasse: pentagonikositetraedrisch

Symbol nach Hermann-Mauguin: 432

Kurzschreibweise: 432

Schoenflies: O

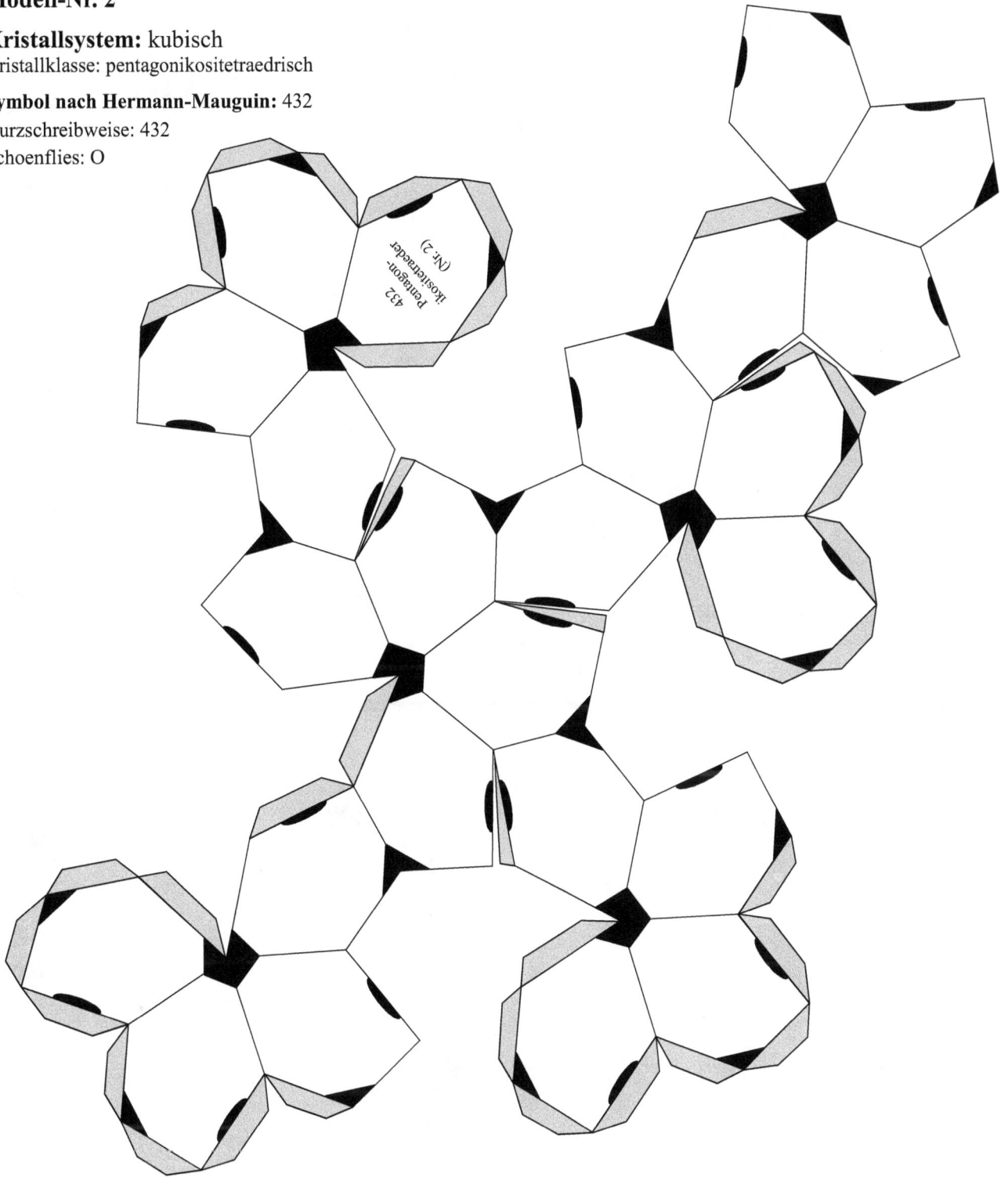

432
pentagon-
ikositetraeder
(Nr. 2)

Modell-Nr. 2

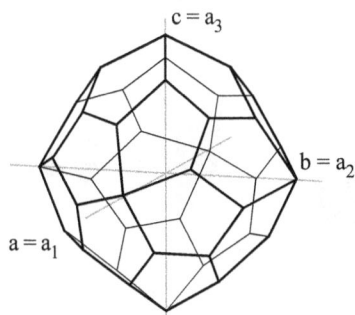

Kristall der allgemeinen Form
mit kristallographischen Achsen

pentagonikositetraedrische Kristallklasse

Symbol nach Hermann-Mauguin: 432   Kurzschreibweise: 432

Symmetrieelemente	Symbol	Anzahl	Lage im Kristall
4-zählige Drehachsen	■	3	∥ zu den a_1-, a_2- und a_3-Achsen
3-zählige Drehachsen	▲	4	∥ zu den Raumdiagonalen des Würfels
2-zählige Drehachsen	⬬	6	∥ zu den Flächendiagonalen des Würfels
Enantiomorphie	vorhanden		

Modell-Nr. 3

Kristallsystem: kubisch
Kristallklasse: disdodekaedrisch

Symbol nach Hermann-Mauguin: $\frac{2}{m}\bar{3}$
Kurzschreibweise: $m\bar{3}$
Schoenflies: T_h

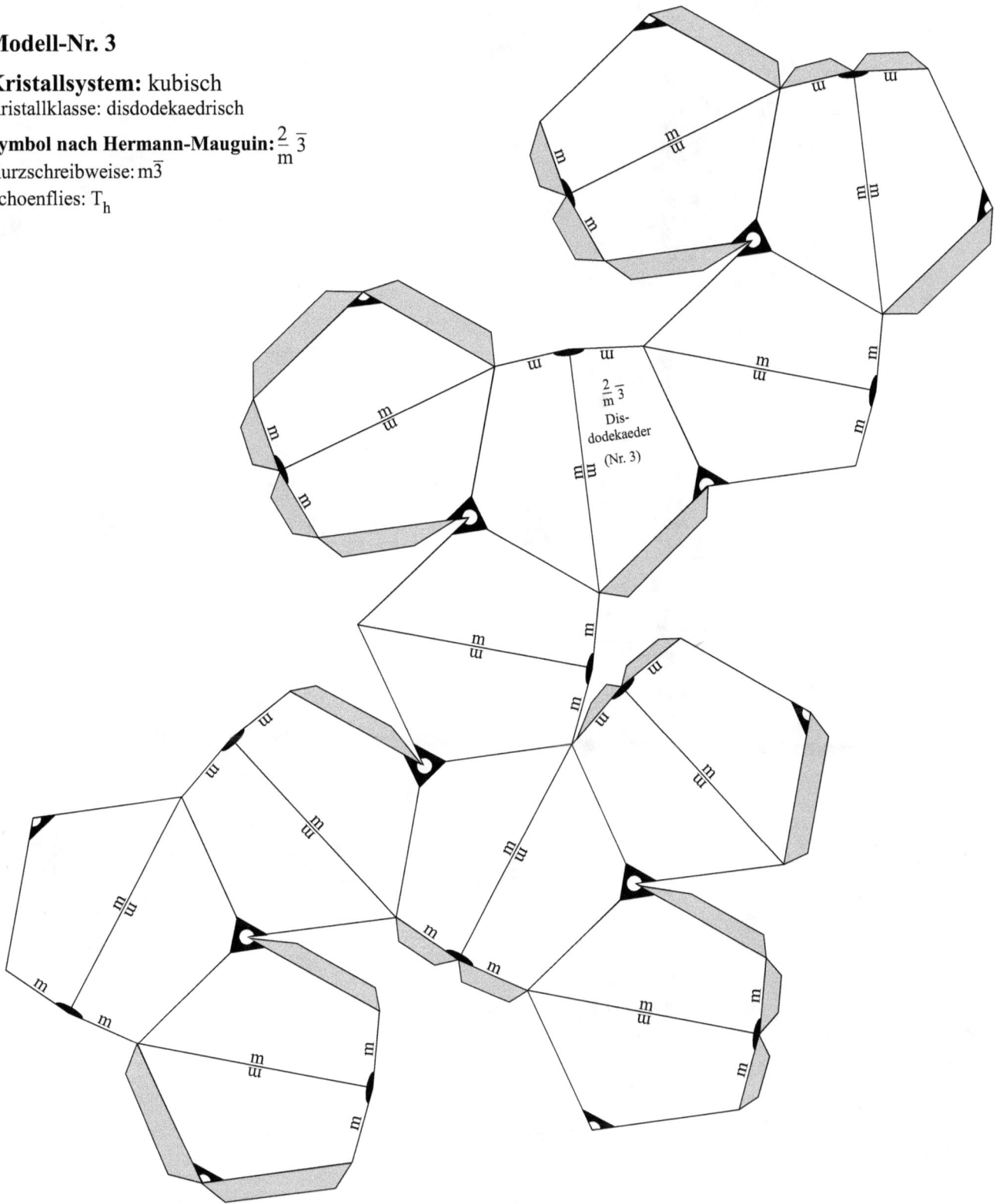

$\frac{2}{m}\bar{3}$
Dis-
dodekaeder
(Nr. 3)

Modell-Nr. 3

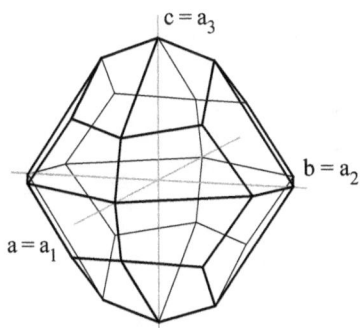

Kristall der allgemeinen Form
mit kristallographischen Achsen

disdodekaedrische Kristallklasse

Symbol nach Hermann-Mauguin: $\frac{2}{m}\bar{3}$ Kurzschreibweise: $m\bar{3}$

Symmetrieelemente	Symbol	Anzahl	Lage im Kristall
3-zählige Drehinversionsachsen	▲	4	‖ zu den Raumdiagonalen des Würfels
2-zählige Drehachsen	●	3	‖ zu den a_1-, a_2- und a_3-Achsen
Inversionszentrum	$\bar{1}$	1	Kristallzentrum
Spiegelebenen	m	3	⊥ zu den a_1-, a_2- und a_3-Achsen
Enantiomorphie	nicht vorhanden		

Modell-Nr. 4

Kristallsystem: kubisch

Kristallklasse: hexakistetraedrisch

Symbol nach Hermann-Mauguin: $\overline{4}3m$

Kurzschreibweise: $\overline{4}3m$

Schoenflies: T_d

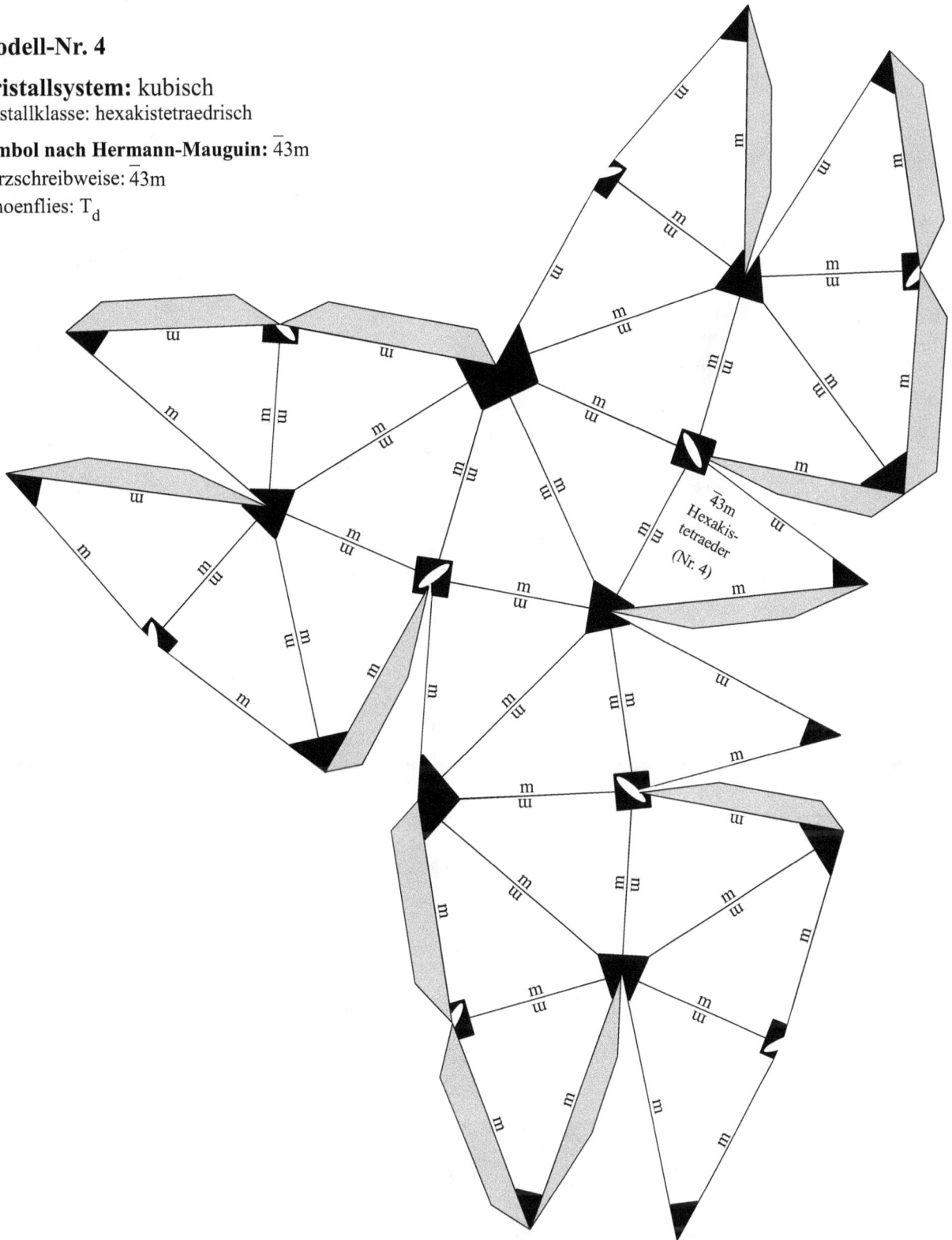

$\overline{4}3m$
Hexakis-
tetraeder
(Nr. 4)

Modell-Nr. 4

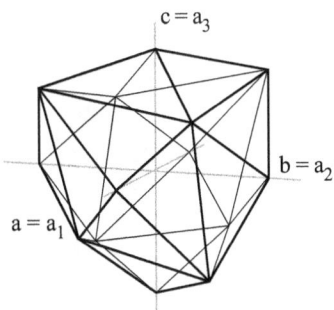

Kristall der allgemeinen Form
mit kristallographischen Achsen

hexakistetraedrische Kristallklasse

Symbol nach Hermann-Mauguin: $\overline{4}3m$ Kurzschreibweise: $\overline{4}3m$

Symmetrieelemente	Symbol	Anzahl	Lage im Kristall
4-zählige Drehinversionsachsen		3	‖ zu den a_1-, a_2- und a_3-Achsen
3-zählige Drehachsen	▲	4p p = polar	‖ zu den Raumdiagonalen des Würfels
Spiegelebenen	m	6	⊥ zu den Flächendiagonalen des Würfels
Enantiomorphie	nicht vorhanden		

Modell-Nr. 5

Kristallsystem: kubisch
Kristallklasse: tetraedrisch-pentagondodekaedrisch

Symbol nach Hermann-Mauguin: 23
Kurzschreibweise: 23
Schoenflies: T

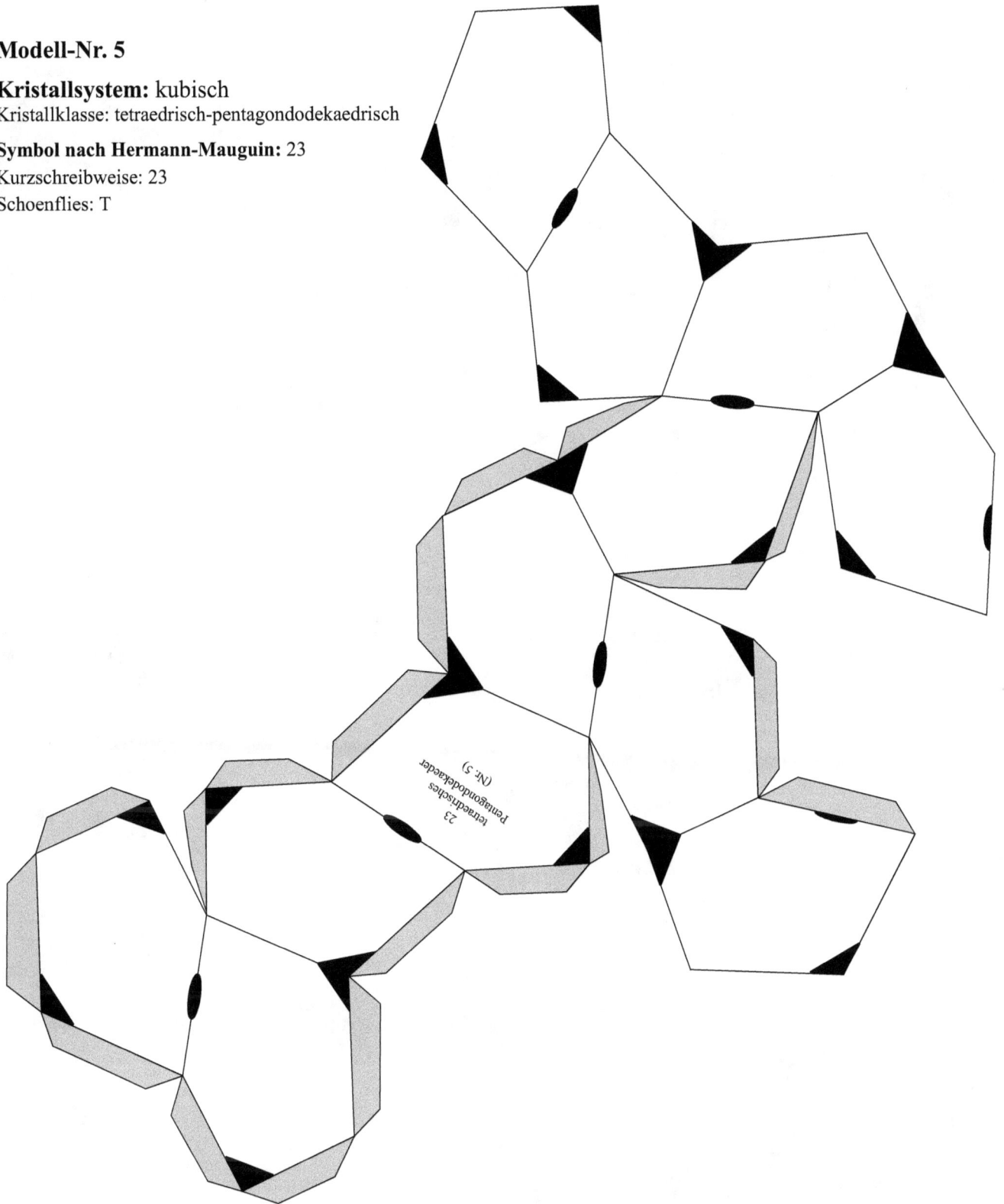

23
tetraedrisches
Pentagondodekaeder
(Nr. 5)

Modell-Nr. 5

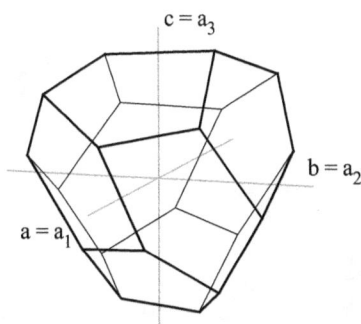

Kristall der allgemeinen Form
mit kristallographischen Achsen

tetraedrisch-pentagondodekaedrische Kristallklasse

Symbol nach Hermann-Mauguin: 23   Kurzschreibweise: 23

Symmetrieelemente	Symbol	Anzahl	Lage im Kristall
3-zählige Drehachsen	▲	4p p = polar	‖ zu den Raumdiagonalen des Würfels
2-zählige Drehachsen	⬮	3	‖ zu den a_1-, a_2- und a_3-Achsen
Enantiomorphie	vorhanden		

Modell-Nr. 6

Kristallsystem: tetragonal

Kristallklasse: ditetragonal-dipyramidal

Symbol nach Hermann-Mauguin: $\frac{4}{m}\frac{2}{m}\frac{2}{m}$

Kurzschreibweise: $\frac{4}{m}mm$

Schoenflies: D_{4h}

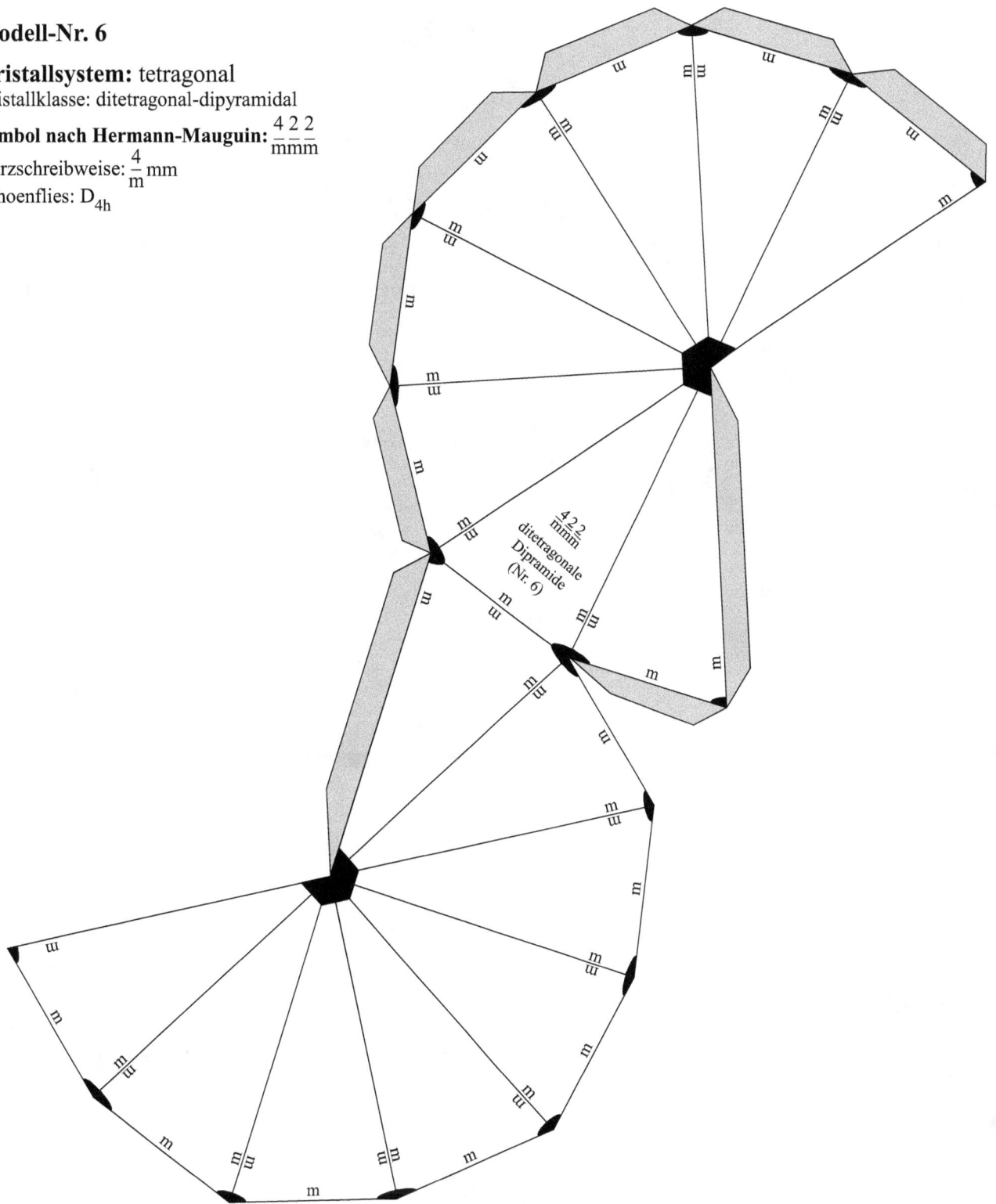

$\frac{4}{m}\frac{2}{m}\frac{2}{m}$
ditetragonale
Dipyramide
(Nr. 6)

Modell-Nr. 6

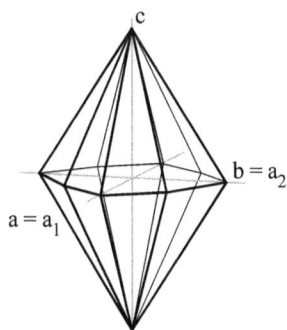

Kristall der allgemeinen Form
mit kristallographischen Achsen

ditetragonal-dipyramidale Kristallklasse

Symbol nach Hermann-Mauguin: $\frac{4}{m}\frac{2}{m}\frac{2}{m}$ Kurzschreibweise: $\frac{4}{m}mm$

Symmetrieelemente	Symbol	Anzahl	Lage im Kristall
4-zählige Drehachsen	■	1	∥ zur c-Achse
2-zählige Drehachsen	⬮	2 / 2	∥ zu den a_1- und a_2-Achsen / ∥ zu deren Winkelhalbierenden
Inversionszentrum	$\bar{1}$	1	Kristallzentrum
Spiegelebenen	m	1	⊥ zur c-Achse
Spiegelebenen	m	2 / 2	⊥ zu den a_1- und a_2-Achsen / ⊥ zu deren Winkelhalbierenden
Enantiomorphie	nicht vorhanden		

Modell-Nr. 7

Kristallsystem: tetragonal
Kristallklasse: tetragonal-trapezoedrisch

Symbol nach Hermann-Mauguin: 422
Kurzschreibweise: 422
Schoenflies: D_4

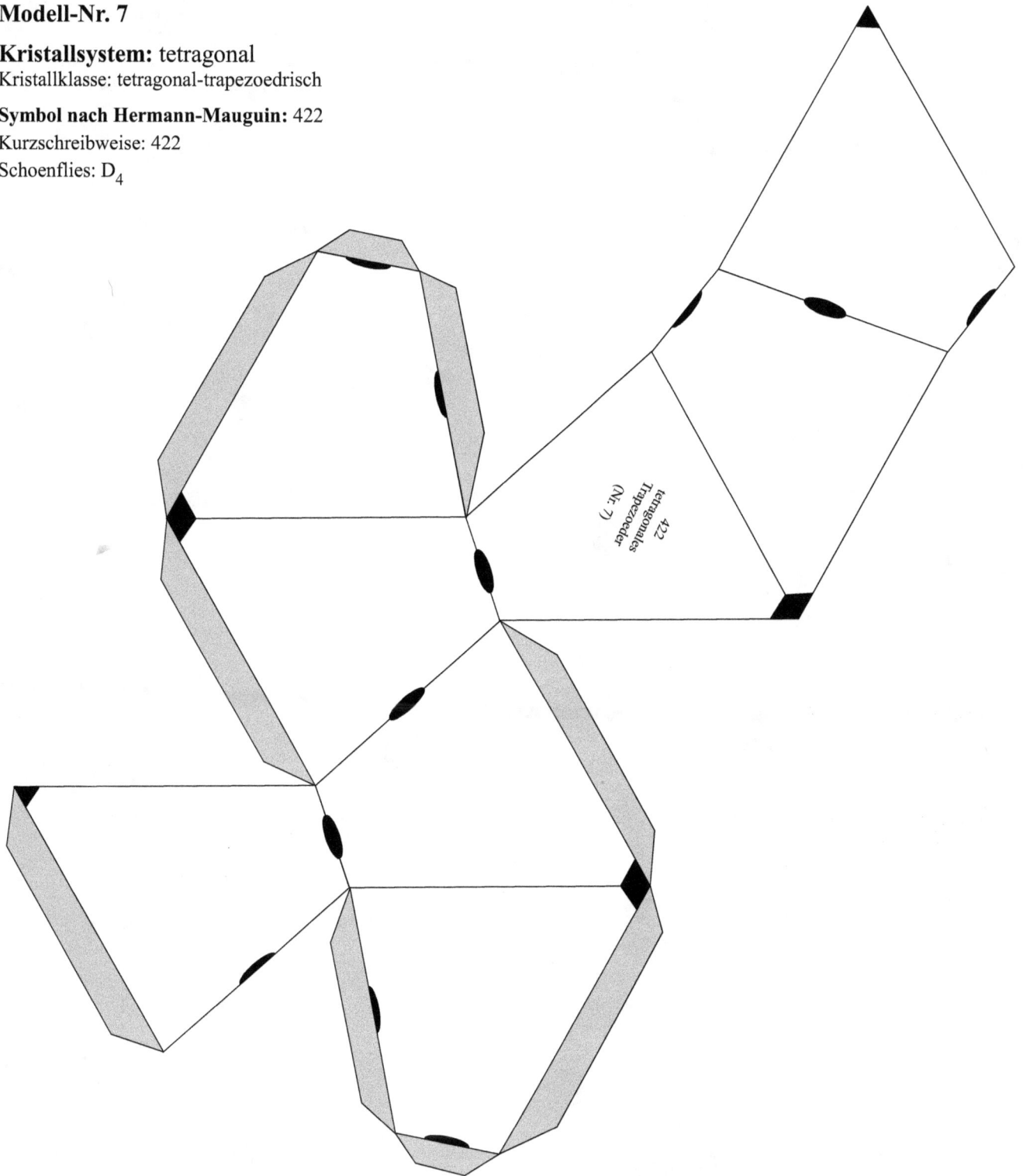

tetragonales
Trapezoeder
422 (Nr. 7)

Modell-Nr. 7

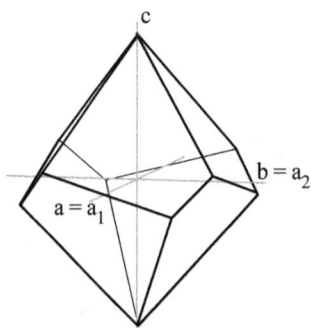

Kristall der allgemeinen Form
mit kristallographischen Achsen

tetragonal-trapezoedrische Kristallklasse

Symbol nach Hermann-Mauguin: 422   Kurzschreibweise: 422

Symmetrieelemente	Symbol	Anzahl	Lage im Kristall
4-zählige Drehachsen	■	1	∥ zur c-Achse
2-zählige Drehachsen	⬮	2 / 2	∥ zu den a_1-, und a_2-Achsen / ∥ zu deren Winkelhalbierenden
Enantiomorphie	vorhanden		

Modell-Nr. 8

Kristallsystem: tetragonal

Kristallklasse: tetragonal-dipyramidal

Symbol nach Hermann-Mauguin: $\frac{4}{m}$

Kurzschreibweise: $\frac{4}{m}$

Schoenflies: C_{4h}

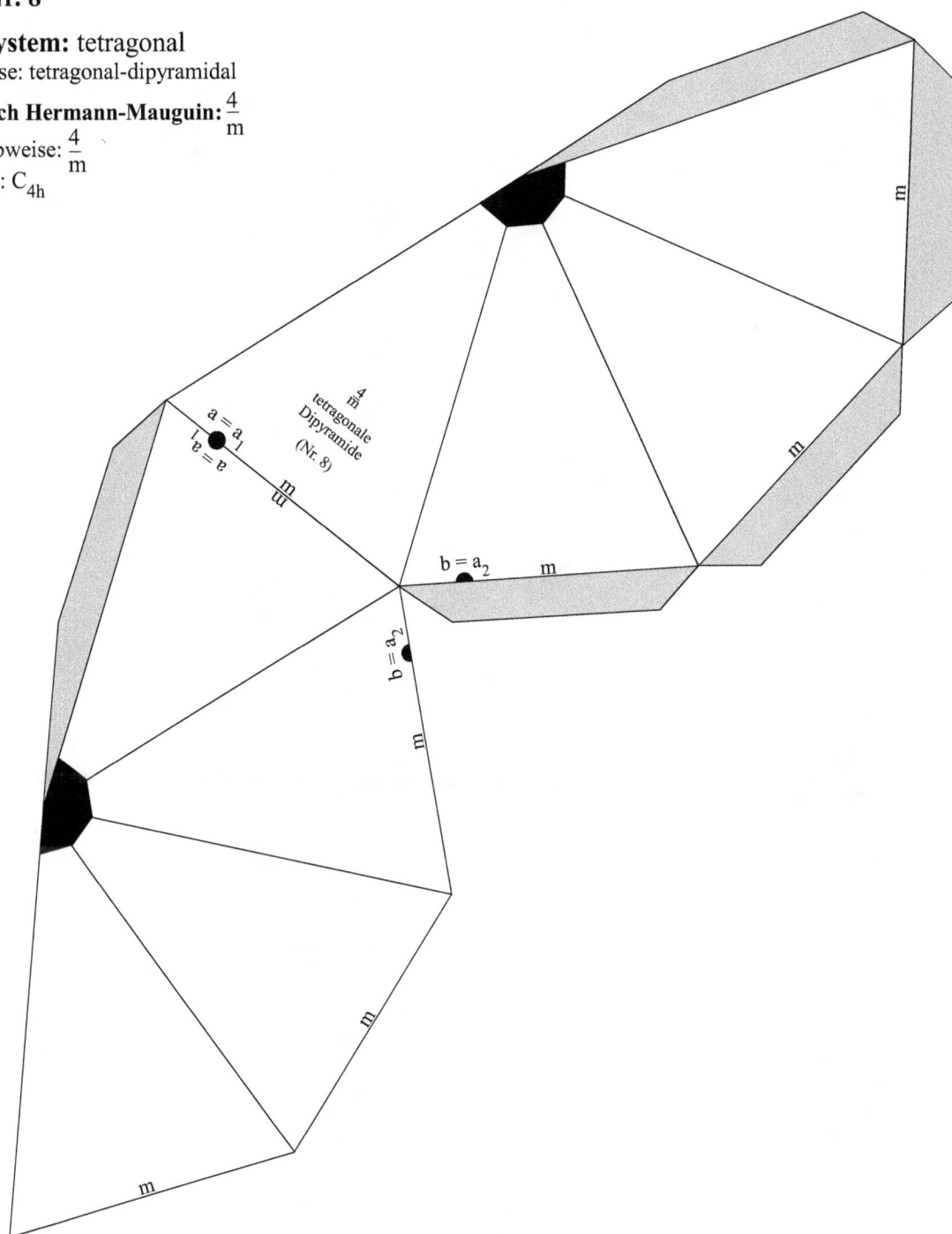

$\frac{4}{m}$
tetragonale
Dipyramide
(Nr. 8)

$a = a_1$

$b = a_2$

$b = a_2$

m

Modell-Nr. 8

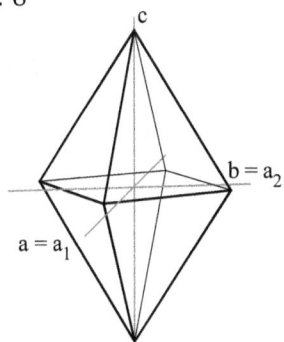

Kristall der allgemeinen Form
mit kristallographischen Achsen

$a = a_1$

$b = a_2$

c

tetragonal-dipyramidale Kristallklasse

Symbol nach Hermann-Mauguin: $\frac{4}{m}$ Kurzschreibweise: $\frac{4}{m}$

Symmetrieelemente	Symbol	Anzahl	Lage im Kristall
4-zählige Drehachsen	■	1	‖ zur c-Achse
Inversionszentrum	$\bar{1}$	1	Kristallzentrum
Spiegelebenen	m	1	⊥ zur c-Achse
Enantiomorphie	nicht vorhanden		

Modell-Nr. 9

Kristallsystem: tetragonal
Kristallklasse: tetragonal-skalenoedrisch

Symbol nach Hermann-Mauguin: $\bar{4}2m$
Kurzschreibweise: $\bar{4}2m$
Schoenflies: D_{2d}

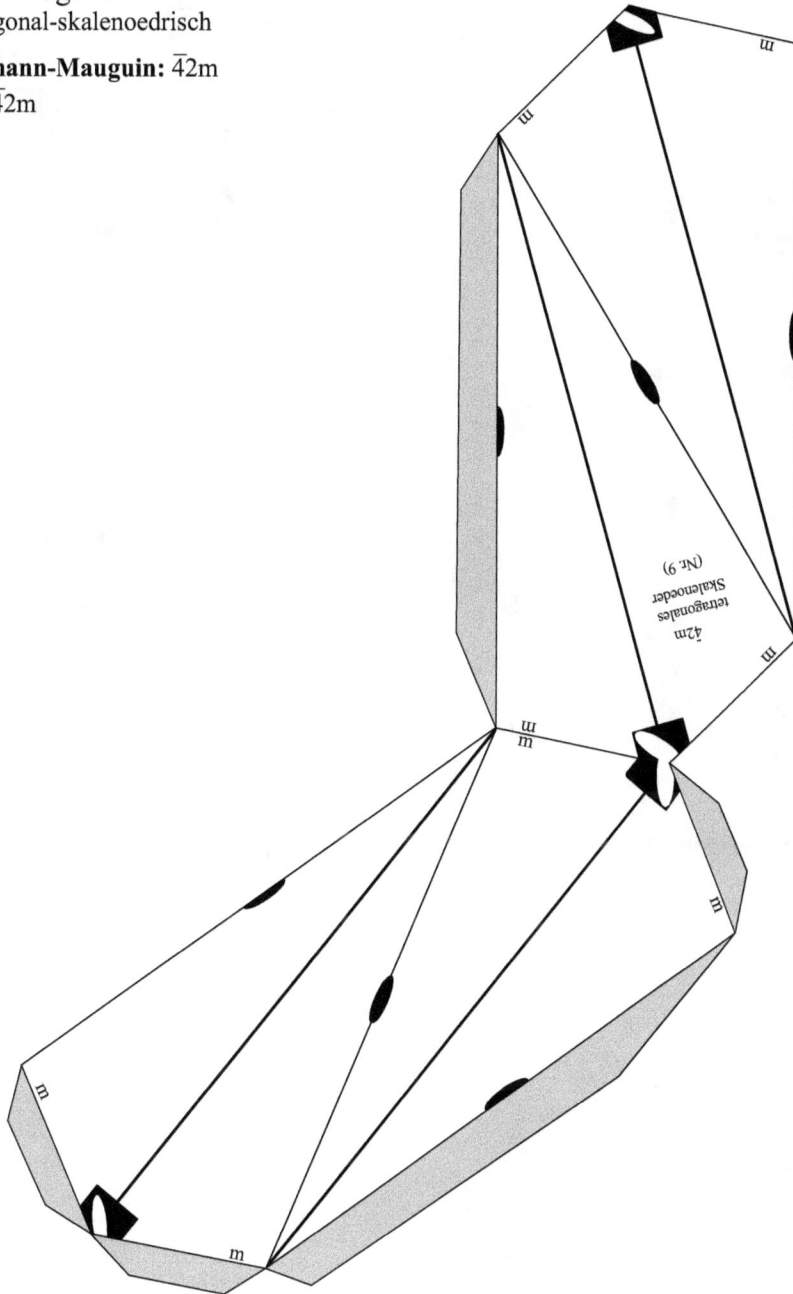

tetragonales
Skalenoeder (Nr. 9)
$\bar{4}2m$

Modell-Nr. 9

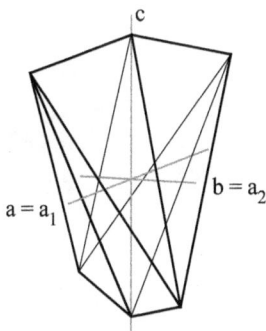

Kristall der allgemeinen Form
mit kristallographischen Achsen

tetragonal-skalenoedrische Kristallklasse

Symbol nach Hermann-Mauguin: $\bar{4}2m$ Kurzschreibweise: $\bar{4}2m$

Symmetrieelemente	Symbol	Anzahl	Lage im Kristall
4-zählige Drehinversionsachsen	◩	1	‖ zur c-Achse
2-zählige Drehachsen	⬬	2	‖ zu den a_1- und a_2-Achsen
Spiegelebenen	m	2	⊥ zu den Winkelhalbierenden der a_1- und a_2-Achsen
Enantiomorphie	nicht vorhanden		

Modell-Nr. 10

Kristallsystem: tetragonal
Kristallklasse: tetragonal-disphenoidisch

Symbol nach Hermann-Mauguin: $\overline{4}$
Kurzschreibweise: $\overline{4}$
Schoenflies: S_4

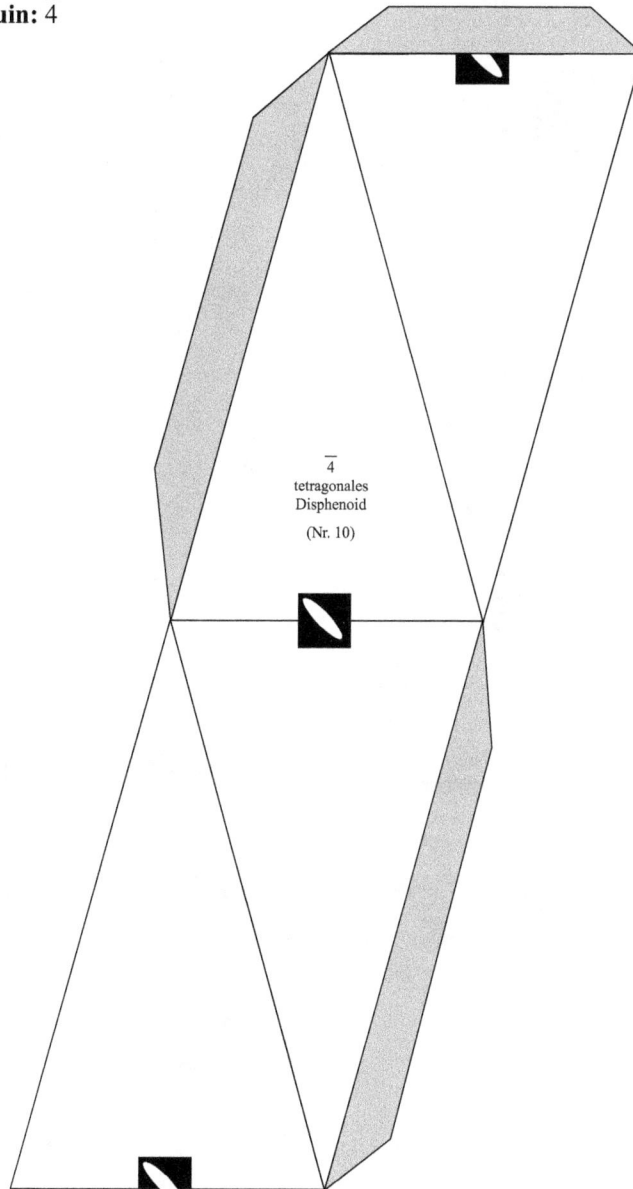

$\overline{4}$
tetragonales
Disphenoid

(Nr. 10)

Modell-Nr. 10

tetragonal-disphenoidische Kristallklasse

Symbol nach Hermann-Mauguin: $\overline{4}$ Kurzschreibweise: $\overline{4}$

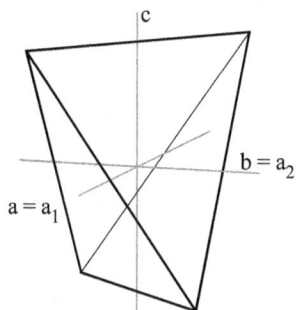

Kristall der allgemeinen Form
mit kristallographischen Achsen

Symmetrieelemente	Symbol	Anzahl	Lage im Kristall
4-zählige Drehinversionsachsen	◨	1	‖ zur c-Achse
Enantiomorphie	nicht vorhanden		

Modell-Nr. 11

Kristallsystem: tetragonal
Kristallklasse: ditetragonal-pyramidal

Symbol nach Hermann-Mauguin: 4mm
Kurzschreibweise: 4mm
Schoenflies: C_{4v}

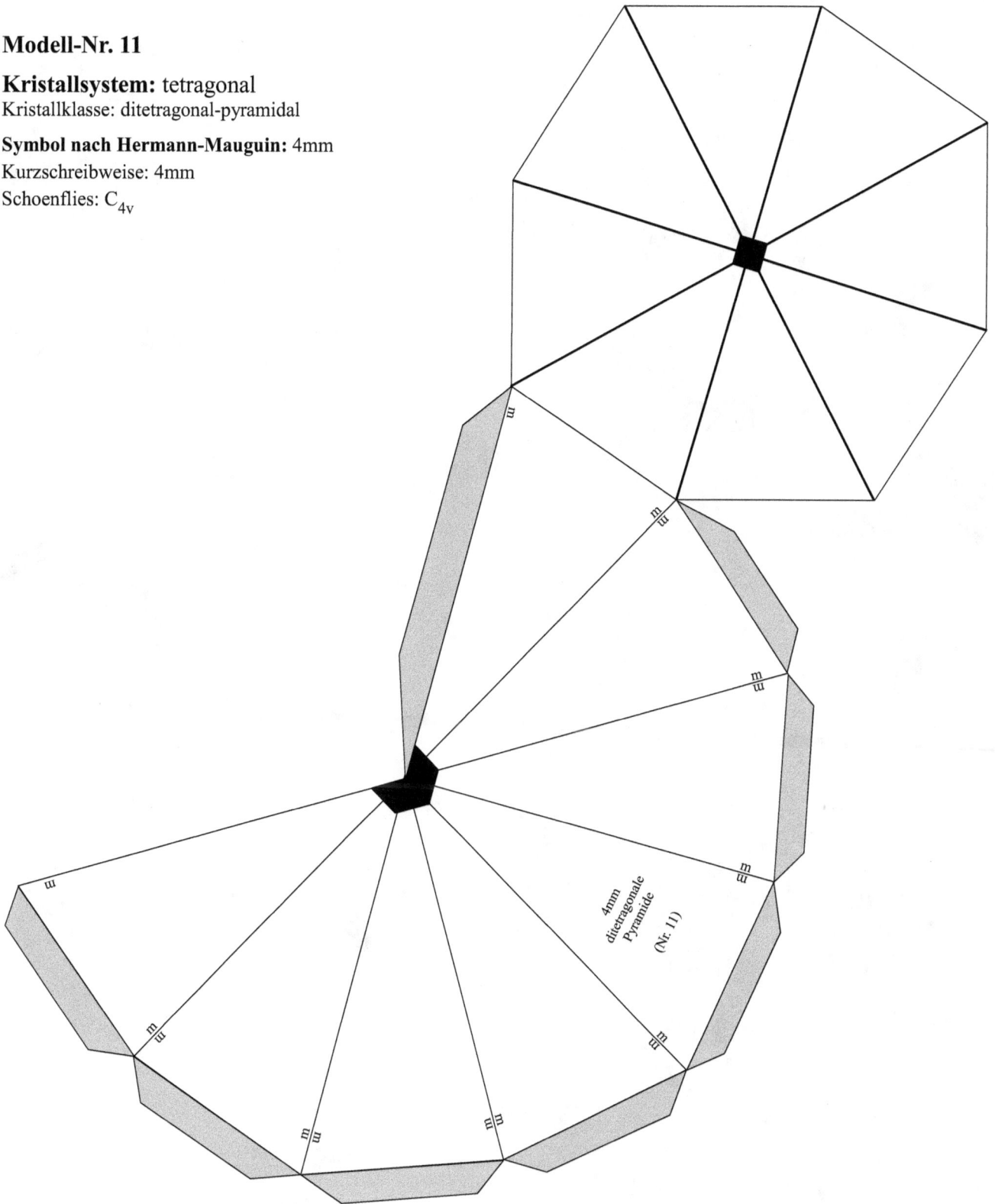

4mm
ditetragonale
Pyramide
(Nr. 11)

Modell-Nr. 11

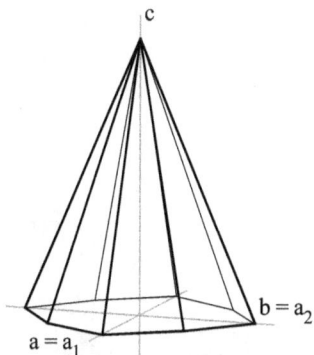

$a = a_1$ $b = a_2$ c

Kristall der allgemeinen Form
mit kristallographischen Achsen

ditetragonal-pyramidale Kristallklasse

Symbol nach Hermann-Mauguin: 4mm   Kurzschreibweise: 4mm

Symmetrieelemente	Symbol	Anzahl	Lage im Kristall
4-zählige Drehachsen	■	1p p = polar	∥ zur c-Achse
Spiegelebenen	m	2 / 2	⊥ zu den a_1- und a_2-Achsen / ⊥ zu deren Winkelhalbierenden
Enantiomorphie	nicht vorhanden		

Modell-Nr. 12

Kristallsystem: tetragonal
Kristallklasse: tetragonal-pyramidal

Symbol nach Hermann-Mauguin: 4
Kurzschreibweise: 4
Schoenflies: C_4

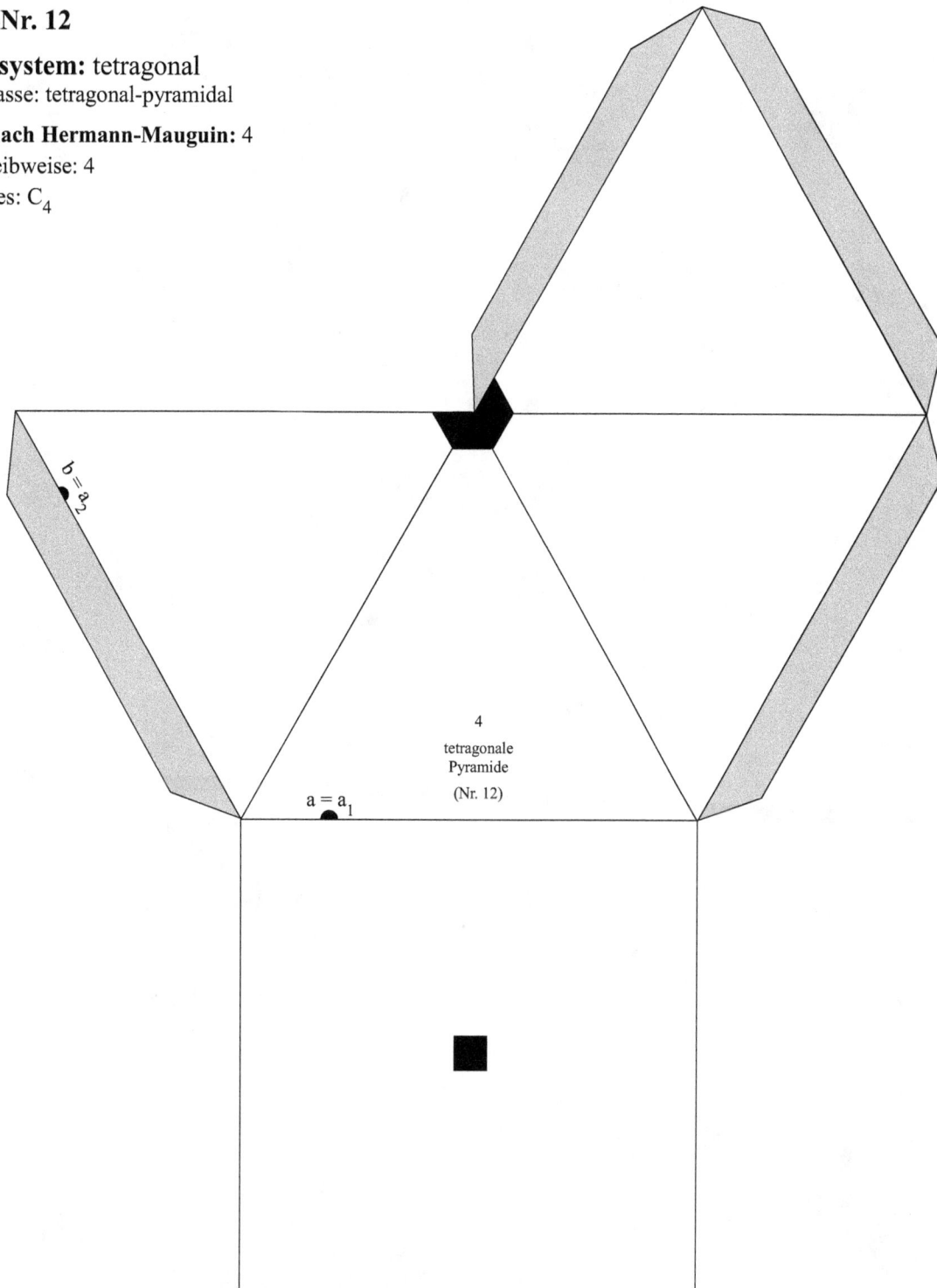

b = a$_2$

4

tetragonale
Pyramide

(Nr. 12)

a = a$_1$

Modell-Nr. 12

c

a = a$_1$

b = a$_2$

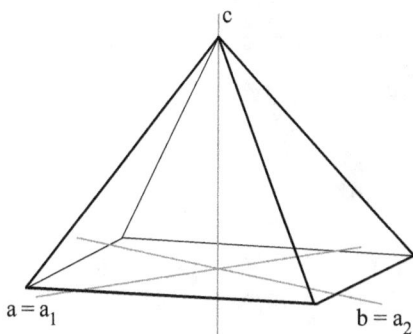

Kristall der allgemeinen Form
mit kristallographischen Achsen

tetragonal-pyramidale Kristallklasse

Symbol nach Hermann-Mauguin: 4   Kurzschreibweise: 4

Symmetrieelemente	Symbol	Anzahl	Lage im Kristall
4-zählige Drehachsen	■	1p p = polar	‖ zur c-Achse
Enantiomorphie	vorhanden		

Modell-Nr. 13

Kristallsystem: hexagonal

Kristallklasse: dihexagonal-dipyramidal

Symbol nach Hermann-Mauguin: $\frac{6}{m}\frac{2}{m}\frac{2}{m}$

Kurzschreibweise: $\frac{6}{m}mm$

Schoenflies: D_{6h}

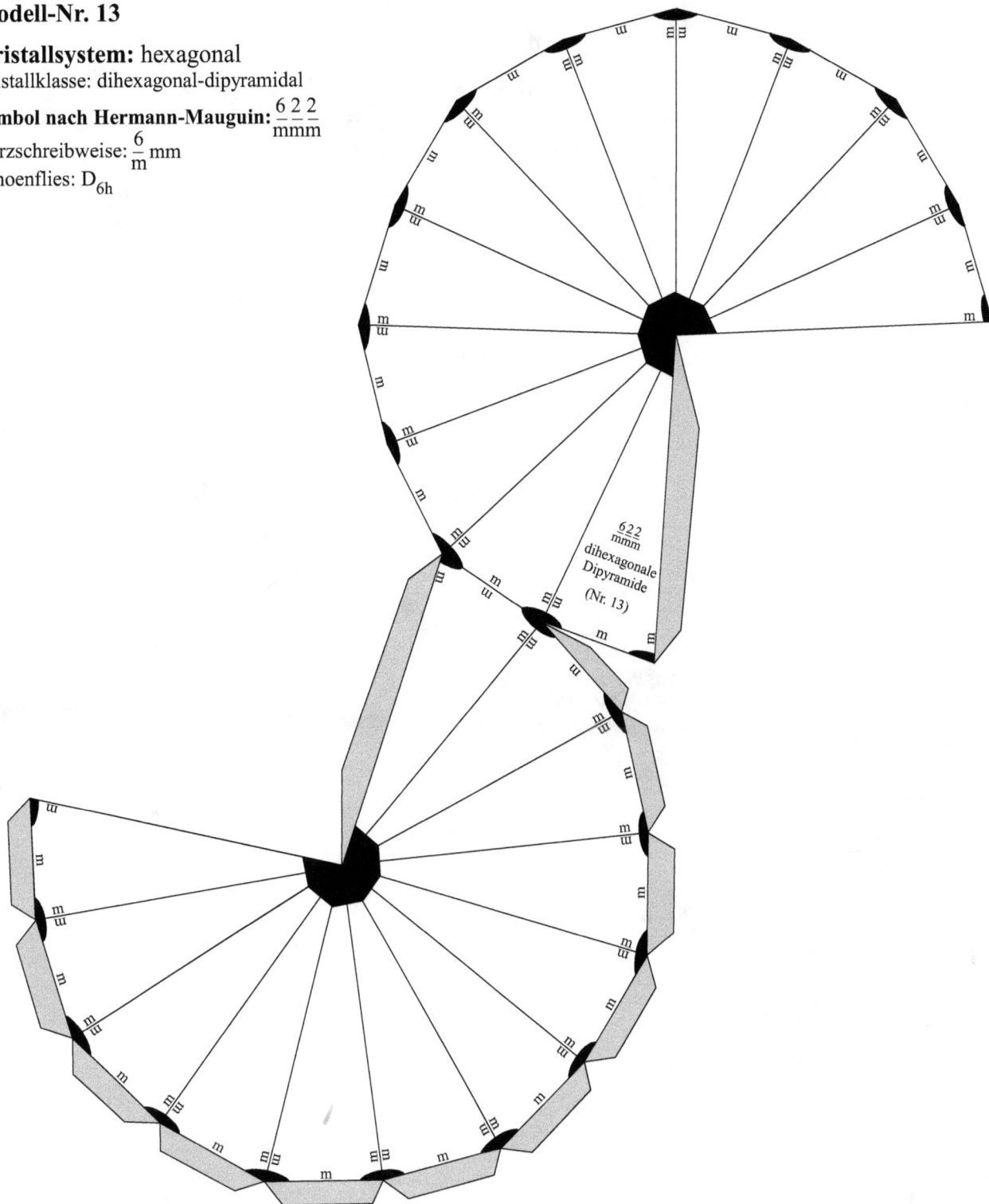

$\frac{6}{m}\frac{2}{m}\frac{2}{m}$
dihexagonale
Dipyramide
(Nr. 13)

Modell-Nr. 13

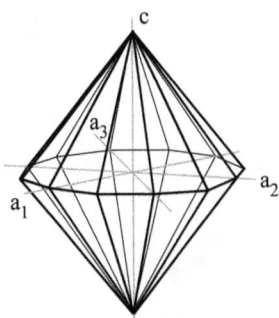

Kristall der allgemeinen Form
mit kristallographischen Achsen

dihexagonal-dipyramidale Kristallklasse

Symbol nach Hermann-Mauguin: $\frac{6}{m}\frac{2}{m}\frac{2}{m}$ Kurzschreibweise: $\frac{6}{m}mm$

Symmetrieelemente	Symbol	Anzahl	Lage im Kristall
6-zählige Drehachsen	⬢	1	∥ zur c-Achse
2-zählige Drehachsen	⬮	3 / 3	∥ zu den a_1-, a_2- und a_3-Achsen und ∥ zu deren Winkelhalbierenden
Inversionszentrum	$\bar{1}$	1	Kristallzentrum
Spiegelebenen	m	1	⊥ zur c-Achse
Spiegelebenen	m	3 / 3	⊥ zu den a_1-, a_2- und a_3-Achsen / ⊥ zu deren Winkelhalbierenden
Enantiomorphie	nicht vorhanden		

Modell-Nr. 14

Kristallsystem: hexagonal
Kristallklasse: hexagonal-trapezoedrisch

Symbol nach Hermann-Mauguin: 622
Kurzschreibweise: 622
Schoenflies: D_6

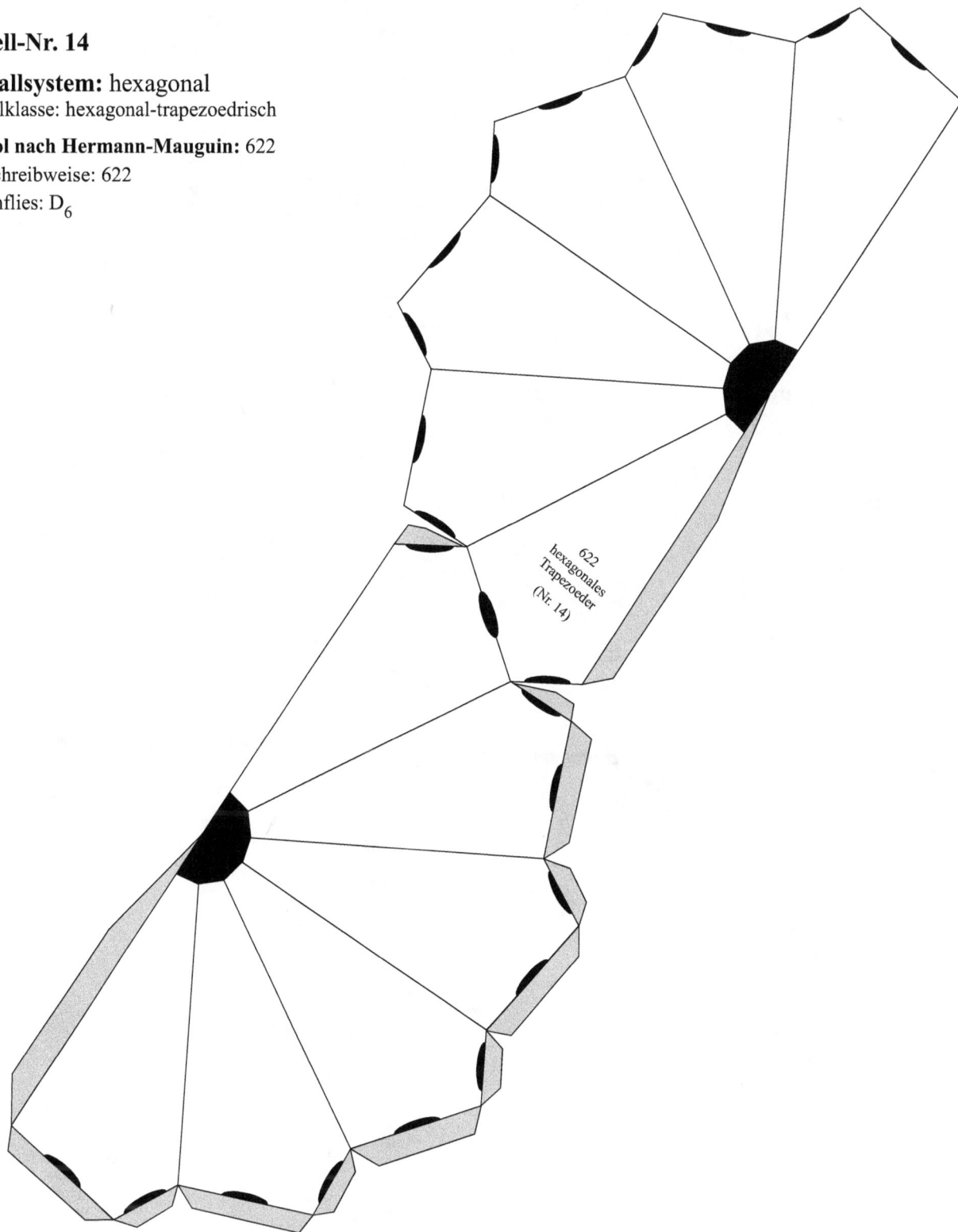

622
hexagonales
Trapezoeder
(Nr. 14)

Modell-Nr. 14

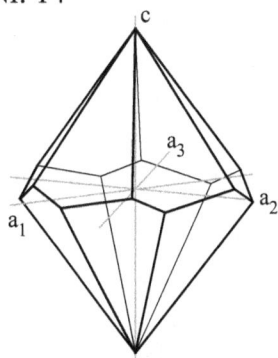

Kristall der allgemeinen Form
mit kristallographischen Achsen

hexagonal-trapezoedrische Kristallklasse

Symbol nach Hermann-Mauguin: 622   Kurzschreibweise: 622

Symmetrieelemente	Symbol	Anzahl	Lage im Kristall
6-zählige Drehachsen	⬢	1	‖ zur c-Achse
2-zählige Drehachsen	▮	3 / 3	‖ zu den a_1-, a_2- und a_3-Achsen / ‖ zu deren Winkelhalbierenden
Enantiomorphie	vorhanden		

Modell-Nr. 15

Kristallsystem: hexagonal
Kristallklasse: hexagonal-dipyramidal

Symbol nach Hermann-Mauguin: $\frac{6}{m}$

Kurzschreibweise: $\frac{6}{m}$

Schoenflies: C_{6h}

$\frac{6}{m}$
hexagonale
Dipyramide
(Nr. 15)

Modell-Nr. 15

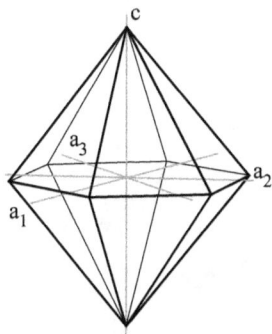

Kristall der allgemeinen Form
mit kristallographischen Achsen

hexagonal-dipyramidale Kristallklasse

Symbol nach Hermann-Mauguin: $\frac{6}{m}$ Kurzschreibweise: $\frac{6}{m}$

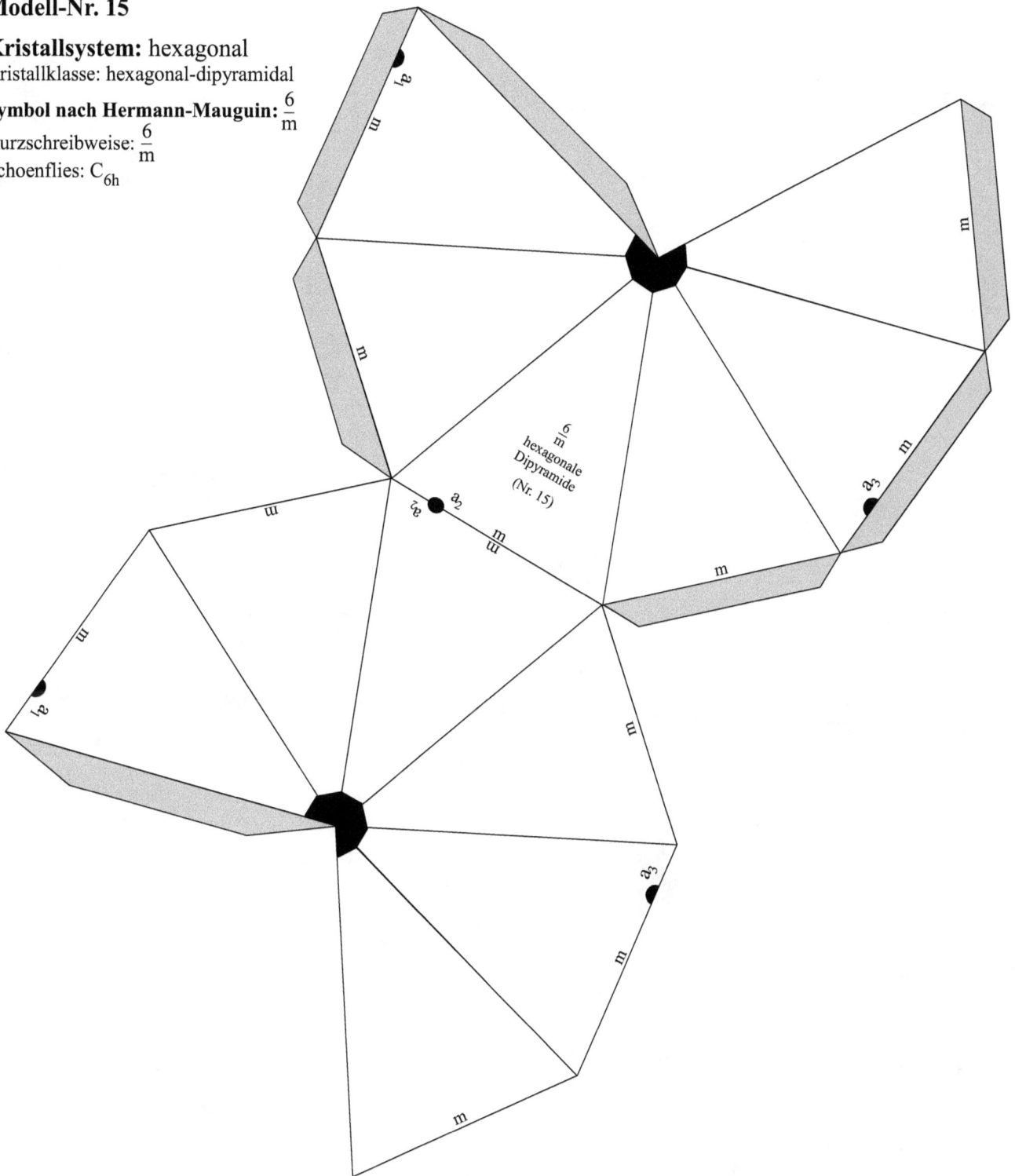

Symmetrieelemente	Symbol	Anzahl	Lage im Kristall
6-zählige Drehachsen	⬢	1	∥ zur c-Achse
Inversionszentrum	$\bar{1}$	1	Kristallzentrum
Spiegelebenen	m	1	⊥ zur c-Achse
Enantiomorphie	nicht vorhanden		

Modell-Nr. 16

Kristallsystem: hexagonal
Kristallklasse: ditrigonal-dipyramidal

Symbol nach Hermann-Mauguin: $\bar{6}m2$

Kurzschreibweise: $\bar{6}m2$

Schoenflies: D_{3h}

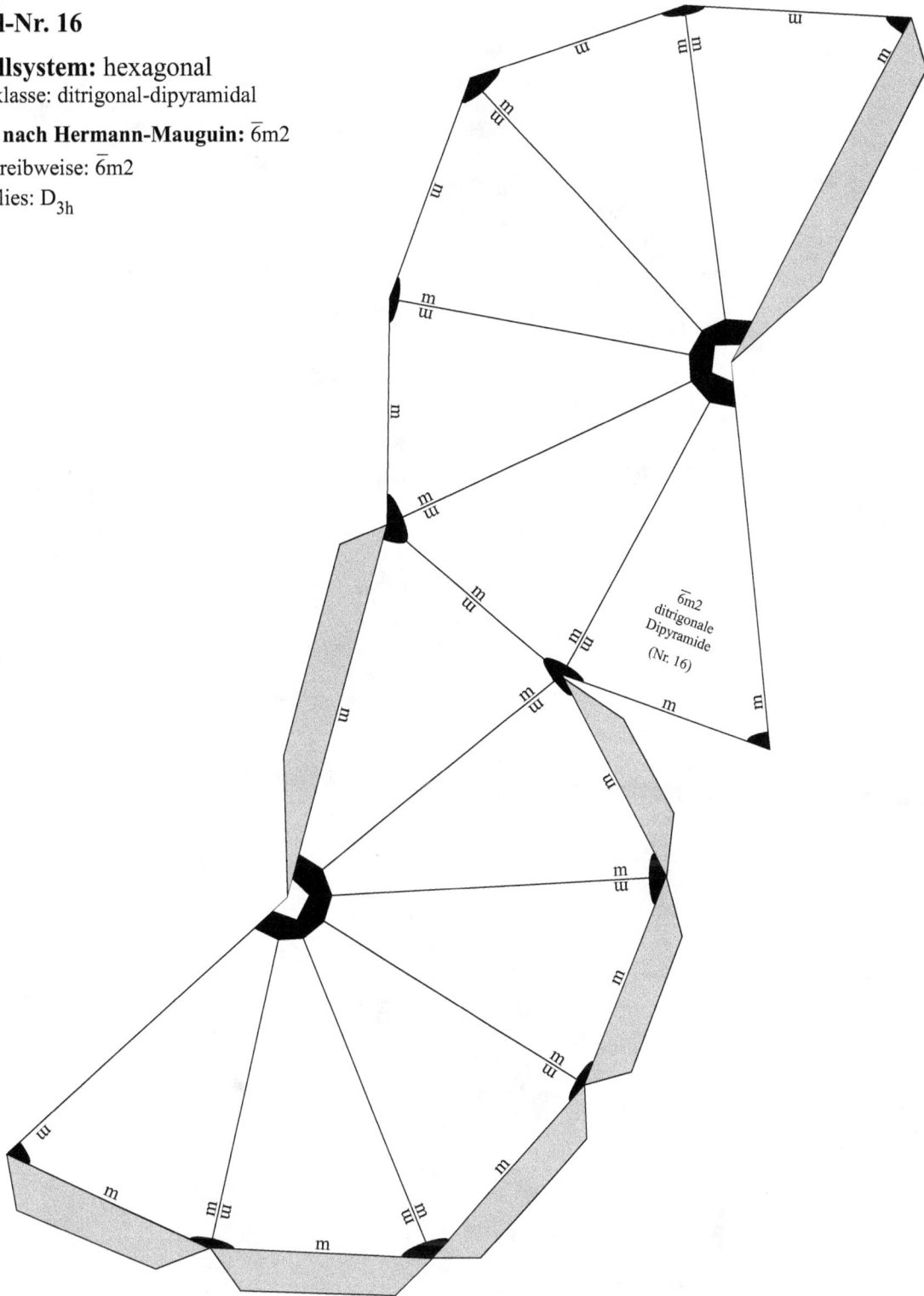

$\bar{6}m2$
ditrigonale
Dipyramide
(Nr. 16)

Modell-Nr. 16

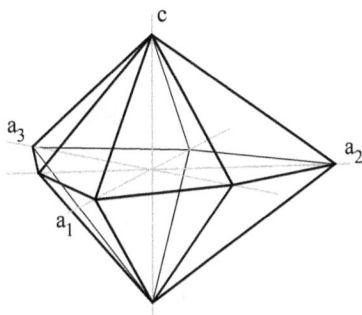

Kristall der allgemeinen Form
mit kristallographischen Achsen

ditrigonal-dipyramidale Kristallklasse

Symbol nach Hermann-Mauguin: $\bar{6}m2$ Kurzschreibweise: $\bar{6}m2$

Symmetrieelemente	Symbol	Anzahl	Lage im Kristall
6-zählige Drehinversionsachsen		1	‖ zur c-Achse
2-zählige Drehachsen		3p p = polar	‖ zu den Winkelhalbierenden der a_1-, a_2- und a_3-Achsen
Spiegelebenen	m	1 / 3	⊥ zur c-Achse / ⊥ zu den a_1-, a_2- und a_3-Achsen
Enantiomorphie	nicht vorhanden		

Modell-Nr. 17

Kristallsystem: hexagonal
Kristallklasse: trigonal-dipyramidal

Symbol nach Hermann-Mauguin: $\overline{6}$

Kurzschreibweise: $\overline{6}$

Schoenflies: C_{3h}

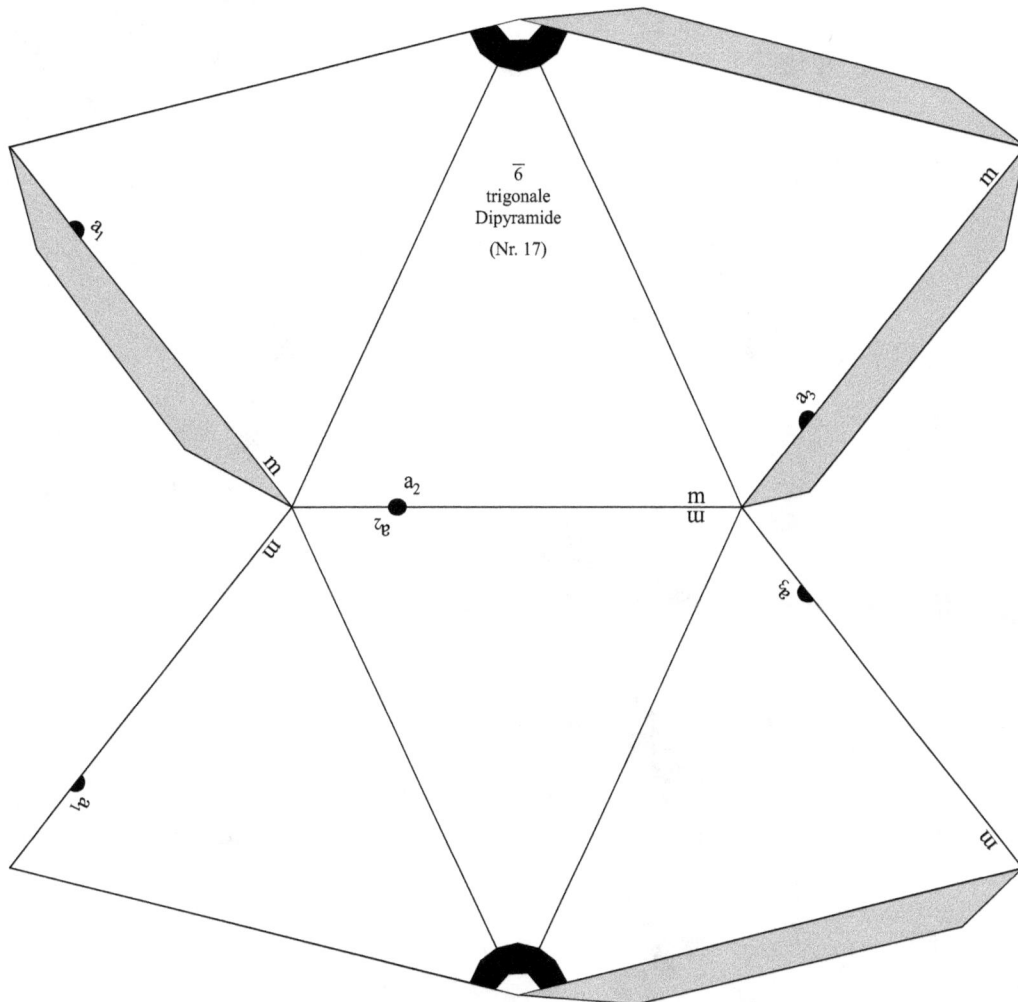

$\overline{6}$
trigonale
Dipyramide
(Nr. 17)

m

a_1

a_3

m

a_2

m
m

a_2

a_3

m

a_1

m

Modell-Nr. 17

c

a_3

a_1

a_2

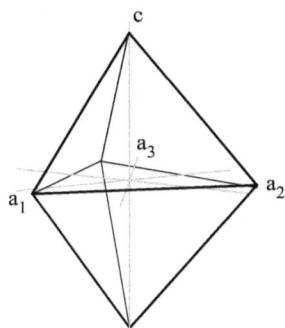

Kristall der allgemeinen Form
mit kristallographischen Achsen

trigonal-dipyramidale Kristallklasse

Symbol nach Hermann-Mauguin: $\overline{6}$ Kurzschreibweise: $\overline{6}$

Symmetrieelemente	Symbol	Anzahl	Lage im Kristall
6-zählige Drehinversionsachsen	⬢	1	∥ zur c-Achse
Spiegelebenen	m	1	⊥ zur c-Achse
Enantiomorphie	nicht vorhanden		

Modell-Nr. 18

Kristallsystem: hexagonal
Kristallklasse: dihexagonal-pyramidal

Symbol nach Hermann-Mauguin: 6mm
Kurzschreibweise: 6mm
Schoenflies: C_{6v}

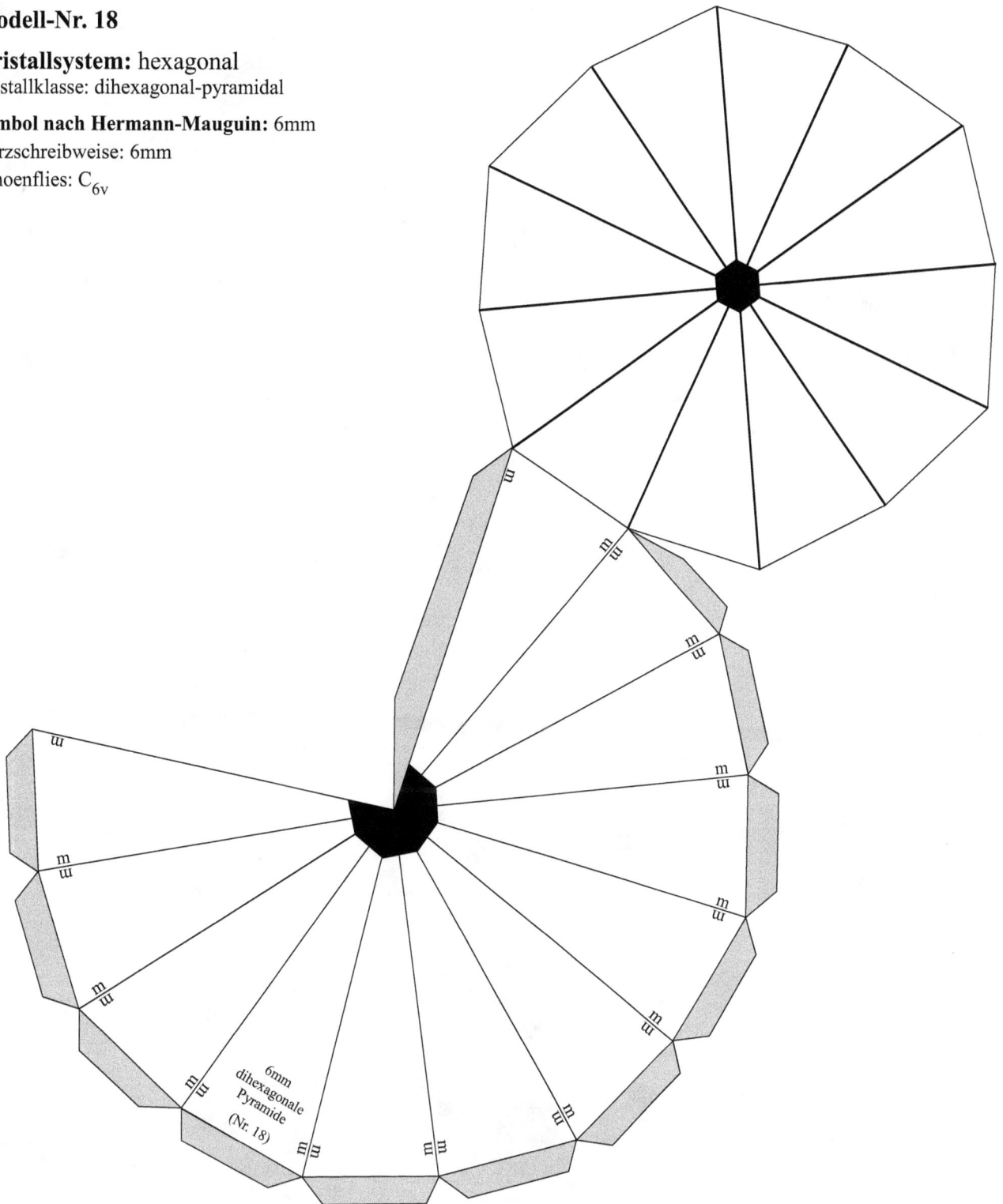

6mm
dihexagonale
Pyramide
(Nr. 18)

Modell-Nr. 18

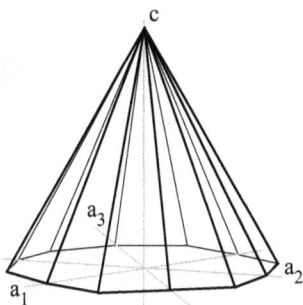

Kristall der allgemeinen Form
mit kristallographischen Achsen

dihexagonal-pyramidale Kristallklasse

Symbol nach Hermann-Mauguin: 6mm   Kurzschreibweise: 6mm

Symmetrieelemente	Symbol	Anzahl	Lage im Kristall
6-zählige Drehachsen	⬡	1p p = polar	∥ zur c-Achse
Spiegelebenen	m	3 / 3	⊥ zu den a_1-, a_2- und a_3-Achsen / ⊥ zu deren Winkelhalbierenden
Enantiomorphie	nicht vorhanden		

Modell-Nr. 19

Kristallsystem: hexagonal
Kristallklasse: hexagonal-pyramidal

Symbol nach Hermann-Mauguin: 6
Kurzschreibweise: 6
Schoenflies: C_6

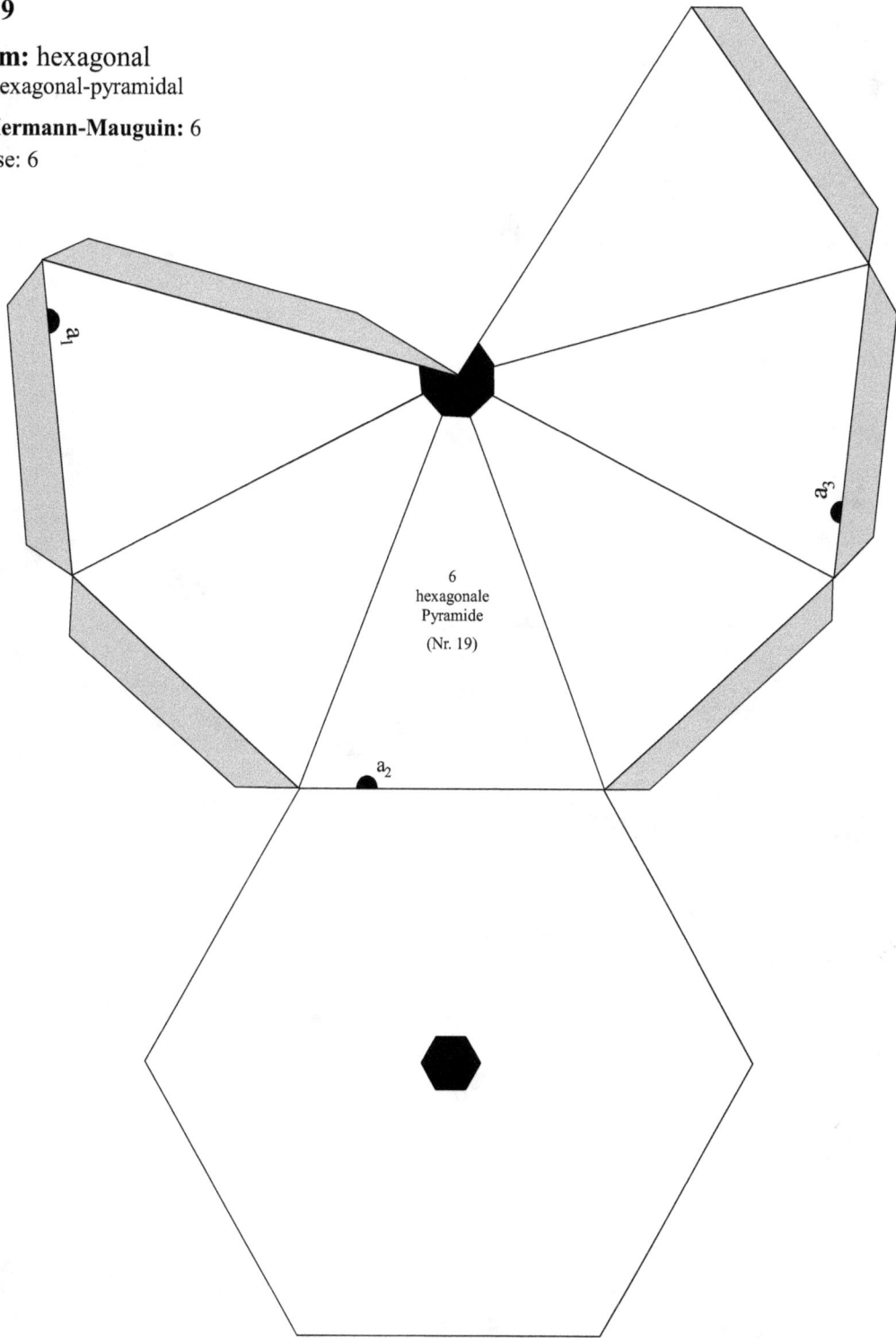

a_1

a_3

6
hexagonale
Pyramide
(Nr. 19)

a_2

Modell-Nr. 19

c

a_3

a_2

a_1

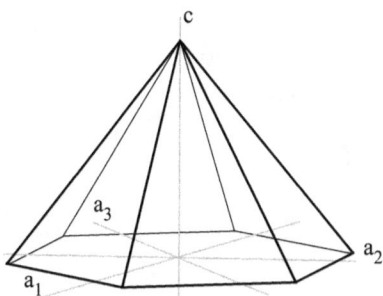

Kristall der allgemeinen Form
mit kristallographischen Achsen

hexagonal-pyramidale Kristallklasse

Symbol nach Hermann-Mauguin: 6   Kurzschreibweise: 6

Symmetrieelemente	Symbol	Anzahl	Lage im Kristall
6-zählige Drehachsen		1p p = polar	∥ zur c-Achse
Enantiomorphie	vorhanden		

Modell-Nr. 20

Kristallsystem: trigonal

Kristallklasse: ditrigonal-skalenoedrisch

Symbol nach Hermann-Mauguin: $\bar{3}\frac{2}{m}$

Kurzschreibweise: $\bar{3}m$

Schoenflies: D_{3d}

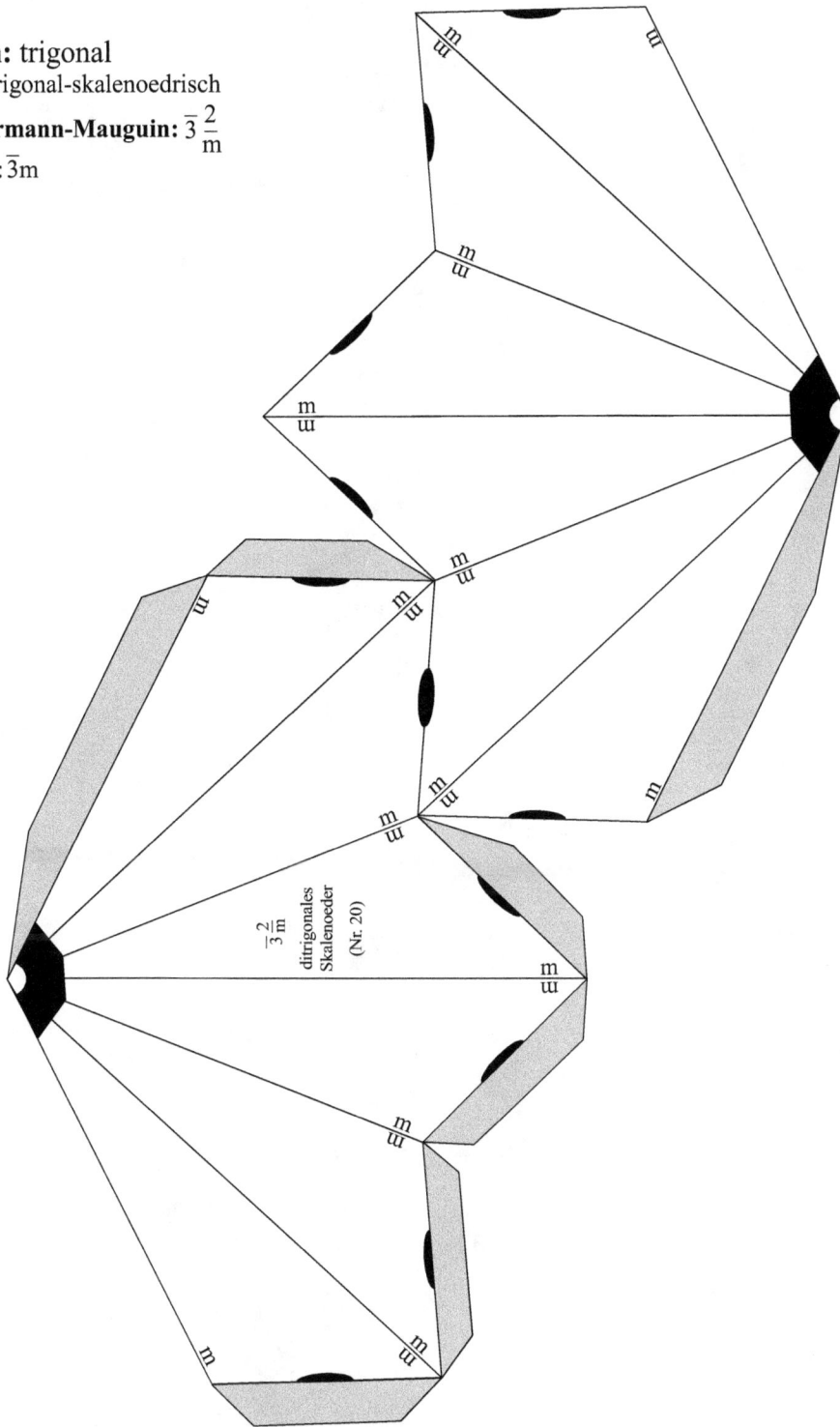

$\bar{3}\frac{2}{m}$
ditrigonales
Skalenoeder
(Nr. 20)

Modell-Nr. 20

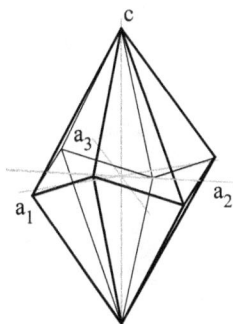

Kristall der allgemeinen Form
mit kristallographischen Achsen

ditrigonal-skalenoedrische Kristallklasse

Symbol nach Hermann-Mauguin: $\bar{3}\frac{2}{m}$ Kurzschreibweise: $\bar{3}m$

Symmetrieelemente	Symbol	Anzahl	Lage im Kristall
3-zählige Drehinversionsachsen	△	1	‖ zur c-Achse
2-zählige Drehachsen	●	3	‖ zu den a_1-, a_2- und a_3-Achsen
Inversionszentrum	$\bar{1}$	1	Kristallzentrum
Spiegelebenen	m	3	⊥ zu den a_1-, a_2- und a_3-Achsen
Enantiomorphie	nicht vorhanden		

Modell-Nr. 21

Kristallsystem: trigonal
Kristallklasse: trigonal-trapezoedrisch

Symbol nach Hermann-Mauguin: 32
Kurzschreibweise: 32
Schoenflies: D_3

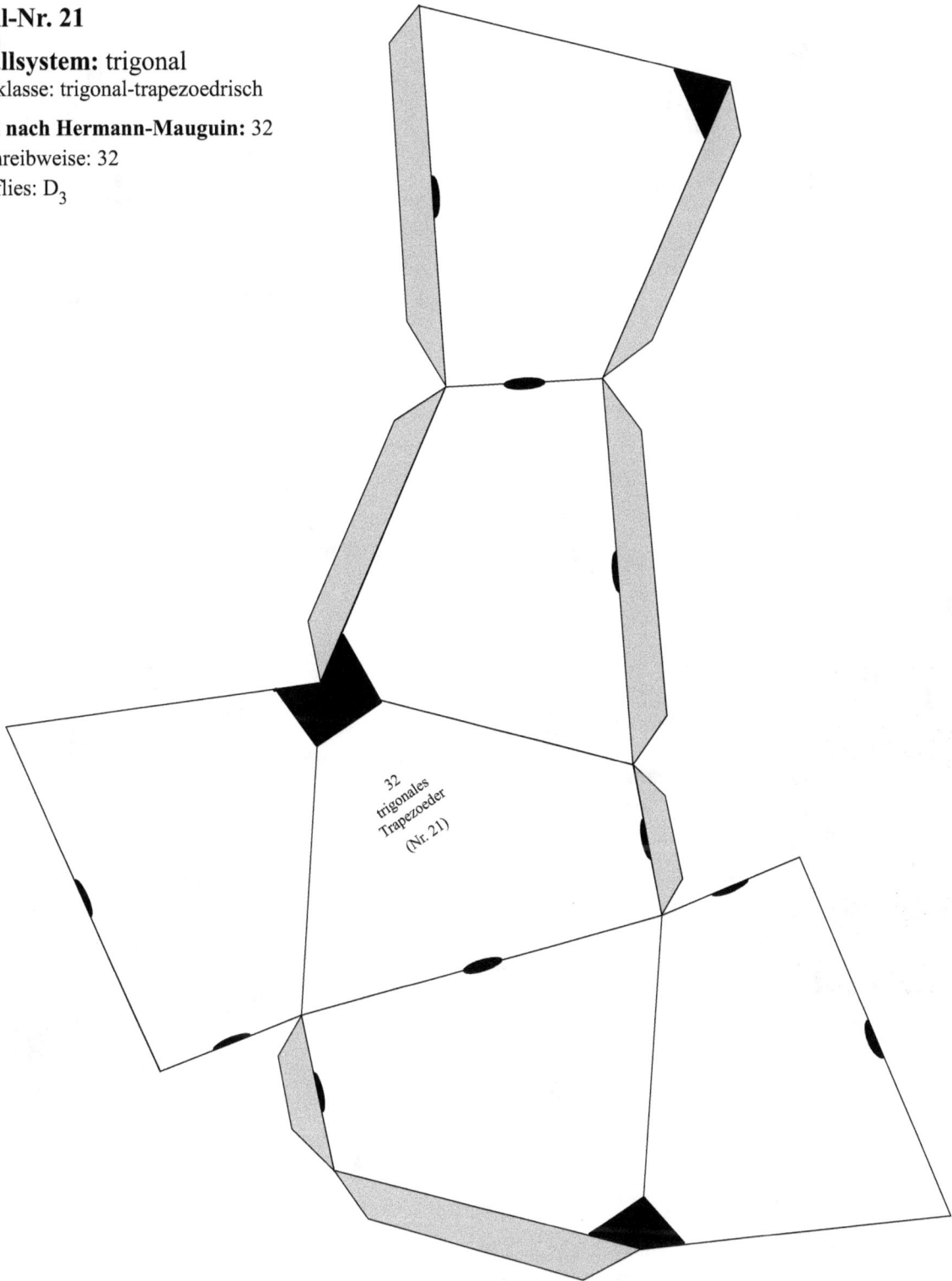

32
trigonales
Trapezoeder
(Nr. 21)

Modell-Nr. 21

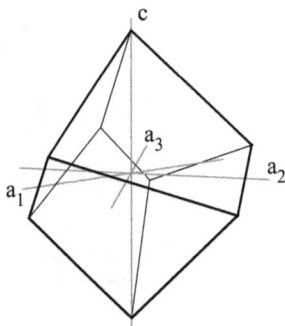

Kristall der allgemeinen Form
mit kristallographischen Achsen

trigonal-trapezoedrische Kristallklasse

Symbol nach Hermann-Mauguin: 32   Kurzschreibweise: 32

Symmetrieelemente	Symbol	Anzahl	Lage im Kristall
3-zählige Drehachsen	▲	1	‖ zur c-Achse
2-zählige Drehachsen	❘	3p p = polar	‖ zu den a_1-, a_2- und a_3-Achsen
Enantiomorphie	vorhanden		

Modell-Nr. 22

Kristallsystem: trigonal
Kristallklasse: rhomboedrisch

Symbol nach Hermann-Mauguin: $\bar{3}$
Kurzschreibweise: $\bar{3}$
Schoenflies: C_{3i}

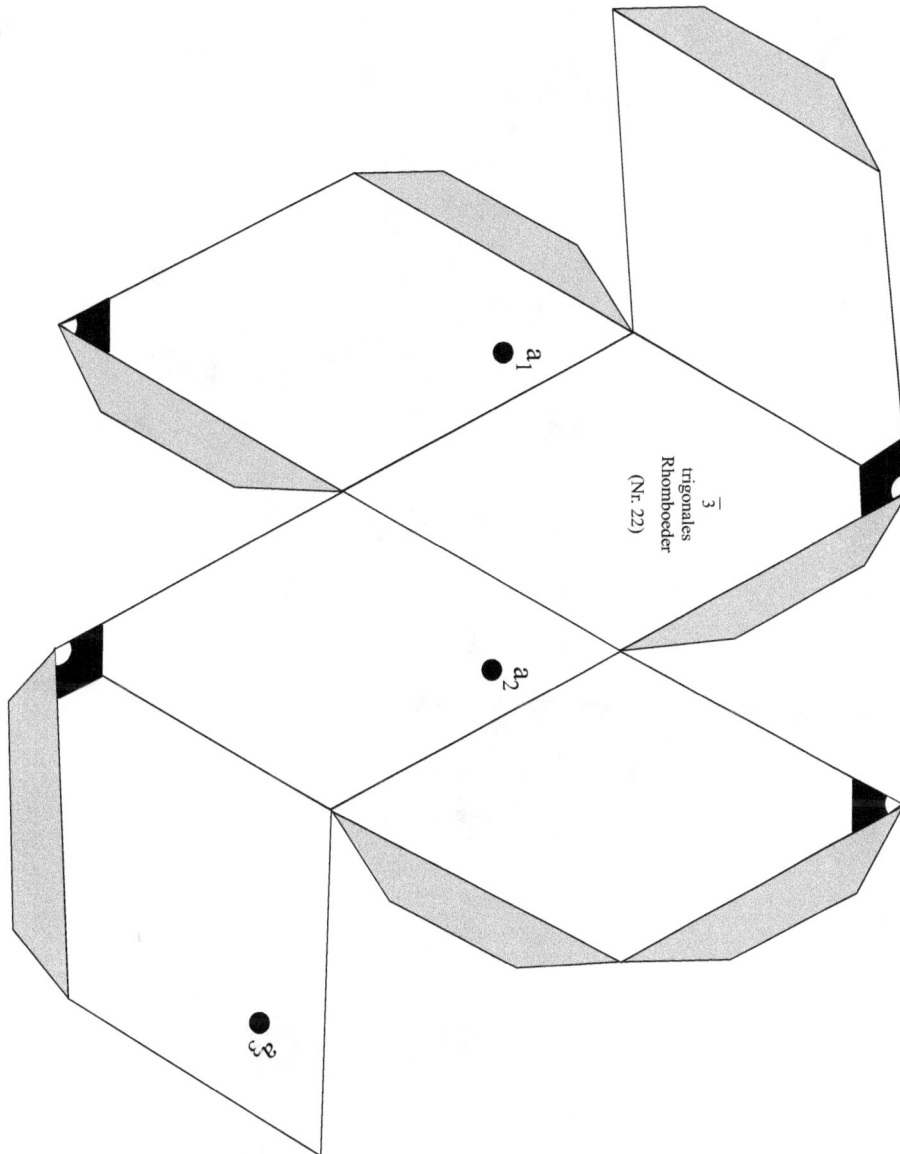

a_1

$\bar{3}$
trigonales
Rhomboeder
(Nr. 22)

a_2

a_3

Modell-Nr. 22

rhomboedrische Kristallklasse

Symbol nach Hermann-Mauguin: $\bar{3}$ Kurzschreibweise: $\bar{3}$

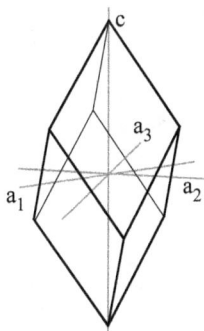

Kristall der allgemeinen Form
mit kristallographischen Achsen

Symmetrieelemente	Symbol	Anzahl	Lage im Kristall
3-zählige Drehinversionsachsen	△	1	‖ zur c-Achse
Inversionszentrum	$\bar{1}$	1	Kristallzentrum
Enantiomorphie	nicht vorhanden		

Modell-Nr. 23

Kristallsystem: trigonal
Kristallklasse: ditrigonal-pyramidal

Symbol nach Hermann-Mauguin: 3m
Kurzschreibweise: 3m
Schoenflies: C_{3v}

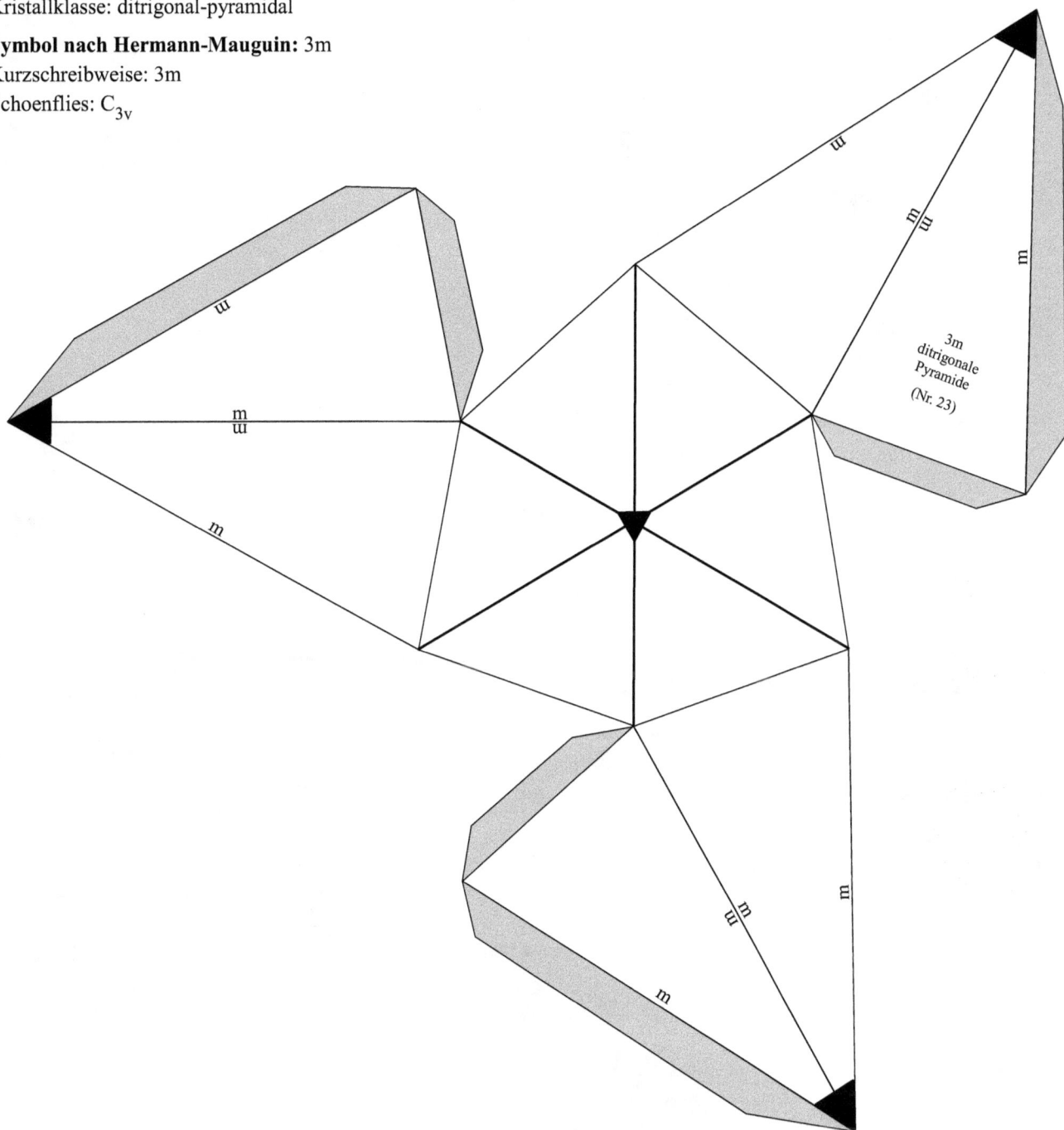

3m
ditrigonale
Pyramide
(Nr. 23)

m

m

m

m

m

m

m

m

m

m

m

m

m

m

Modell-Nr. 23

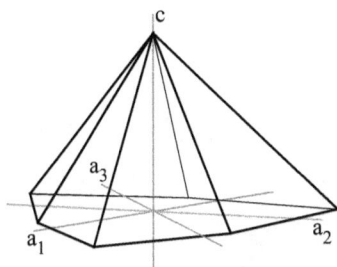

Kristall der allgemeinen Form
mit kristallographischen Achsen

ditrigonal-pyramidale Kristallklasse

Symbol nach Hermann-Mauguin: 3m   Kurzschreibweise: 3m

Symmetrieelemente	Symbol	Anzahl	Lage im Kristall
3-zählige Drehachsen	▲	1p p = polar	∥ zur c-Achse
Spiegelebenen	m	3	⊥ zu den a_1-, a_2- und a_3-Achsen
Enantiomorphie	nicht vorhanden		

Modell-Nr. 24

Kristallsystem: trigonal
Kristallklasse: trigonal-pyramidal

Symbol nach Hermann-Mauguin: 3
Kurzschreibweise: 3
Schoenflies: C_3

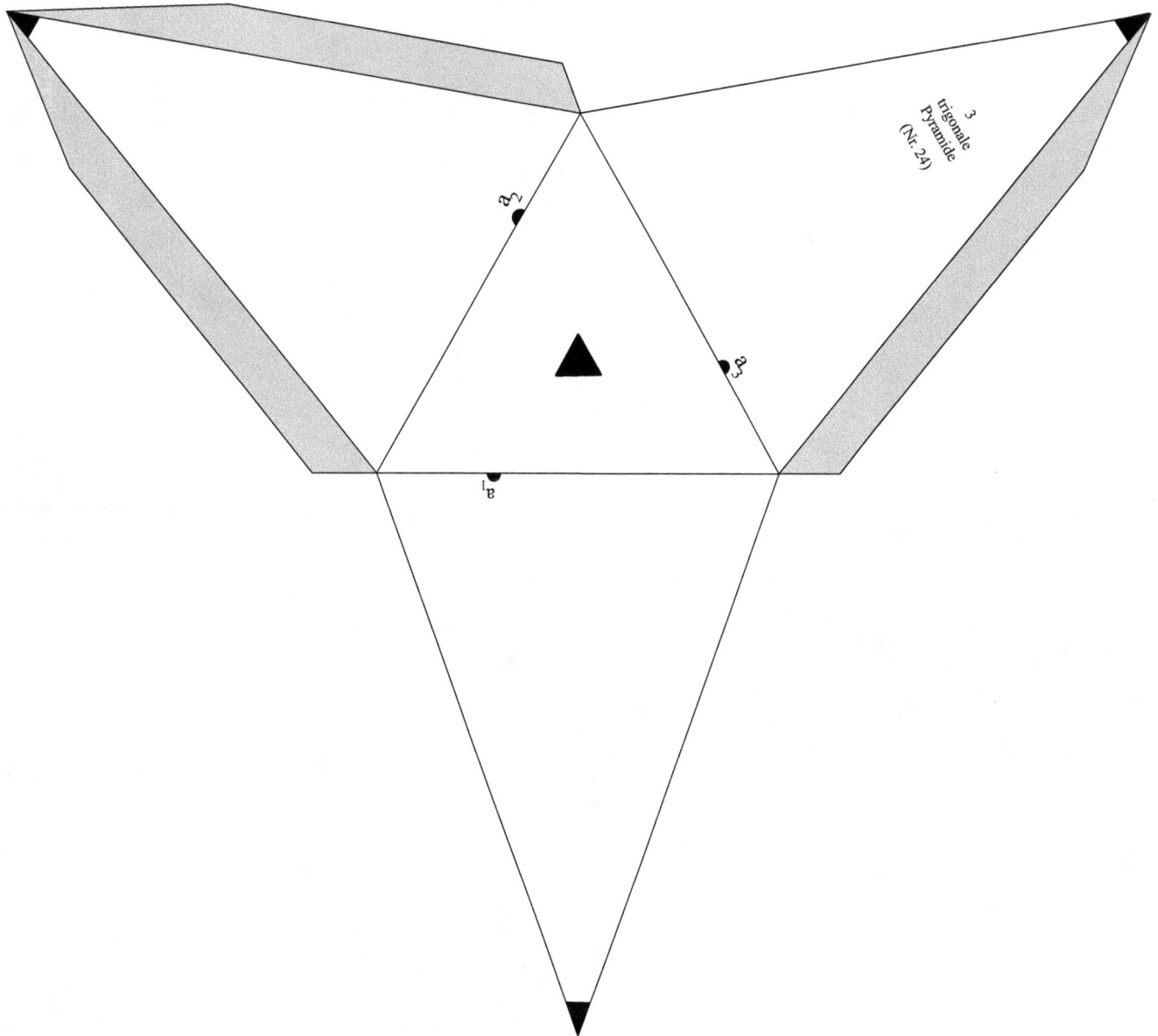

3
trigonale
Pyramide
(Nr. 24)

a_2

a_3

a_1

Modell-Nr. 24

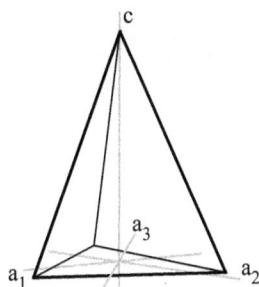

Kristall der allgemeinen Form
mit kristallographischen Achsen

trigonal-pyramidale Kristallklasse

Symbol nach Hermann-Mauguin: 3   Kurzschreibweise: 3

Symmetrieelemente	Symbol	Anzahl	Lage im Kristall
3-zählige Drehachsen	▲	1p p = polar	‖ zur c-Achse
Enantiomorphie	vorhanden		

Modell-Nr. 25

Kristallsystem: orthorhombisch

Kristallklasse: rhombisch-dipyramidal

Symbol nach Hermann-Mauguin: $\frac{2}{m}\frac{2}{m}\frac{2}{m}$

Kurzschreibweise: mmm

Schoenflies: D_{2h}

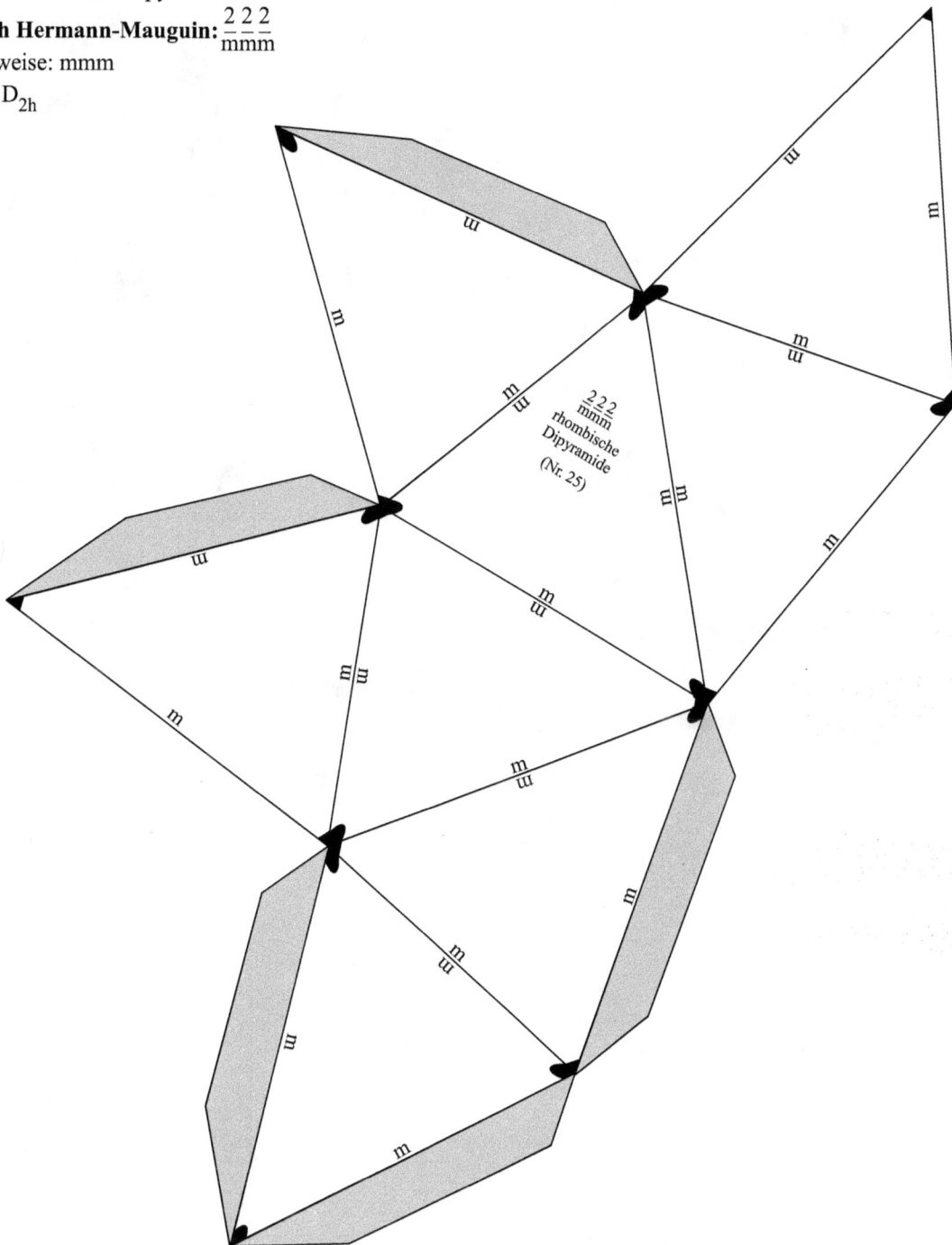

$\frac{2}{m}\frac{2}{m}\frac{2}{m}$
rhombische
Dipyramide
(Nr. 25)

Modell-Nr. 25

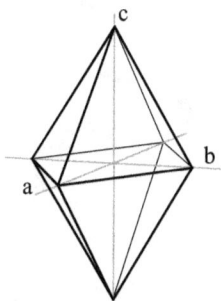

Kristall der allgemeinen Form
mit kristallographischen Achsen

rhombisch-dipyramidale Kristallklasse

Symbol nach Hermann-Mauguin: $\frac{2}{m}\frac{2}{m}\frac{2}{m}$ Kurzschreibweise: mmm

Symmetrieelemente	Symbol	Anzahl	Lage im Kristall
2-zählige Drehachsen	⬬	1 / 1 / 1	∥ zu den a-, b- und c-Achsen
Inversionszentrum	$\bar{1}$	1	Kristallzentrum
Spiegelebenen	m	1 / 1 / 1	⊥ zu den a-, b- und c-Achsen
Enantiomorphie	nicht vorhanden		

Modell-Nr. 26

Kristallsystem: orthorhombisch
Kristallklasse: rhombisch-disphenoidisch

Symbol nach Hermann-Mauguin: 222
Kurzschreibweise: 222
Schoenflies: D_2

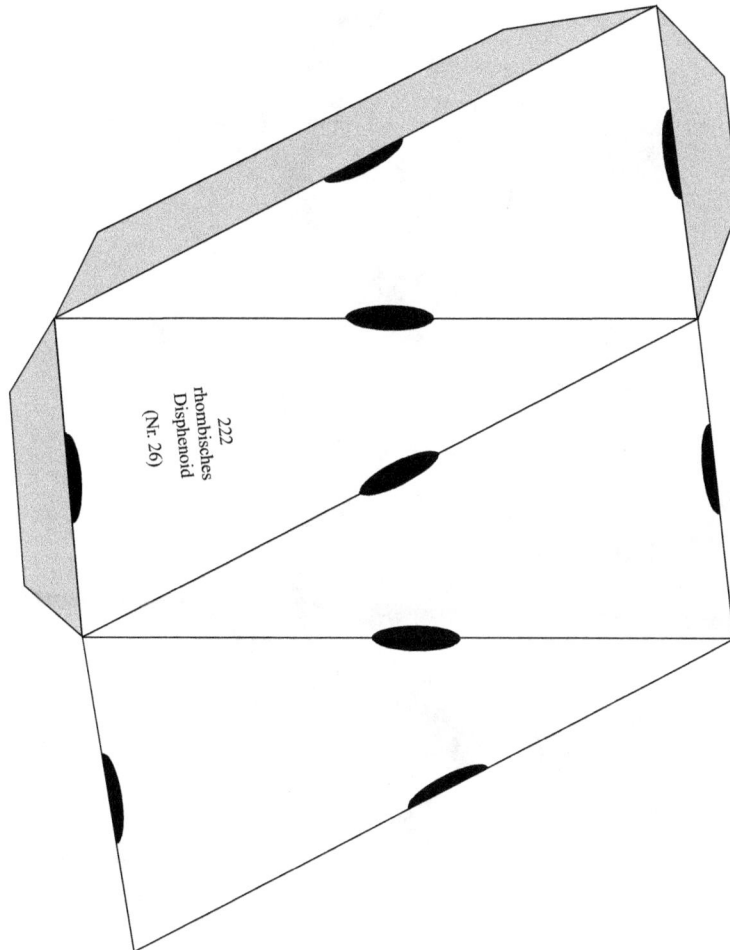

222
rhombisches
Disphenoid
(Nr. 26)

Modell-Nr. 26

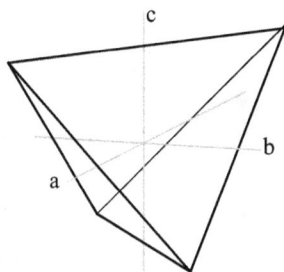

Kristall der allgemeinen Form
mit kristallographischen Achsen

rhombisch-disphenoidische Kristallklasse

Symbol nach Hermann-Mauguin: 222   Kurzschreibweise: 222

Symmetrieelemente	Symbol	Anzahl	Lage im Kristall
2-zählige Drehachsen	●	1 / 1 / 1	‖ zu den a-, b- und c-Achsen
Enantiomorphie	vorhanden		

Modell-Nr. 27

Kristallsystem: orthorhombisch
Kristallklasse: rhombisch-pyramidal

Symbol nach Hermann-Mauguin: mm2
Kurzschreibweise: mm2
Schoenflies: C_{2v}

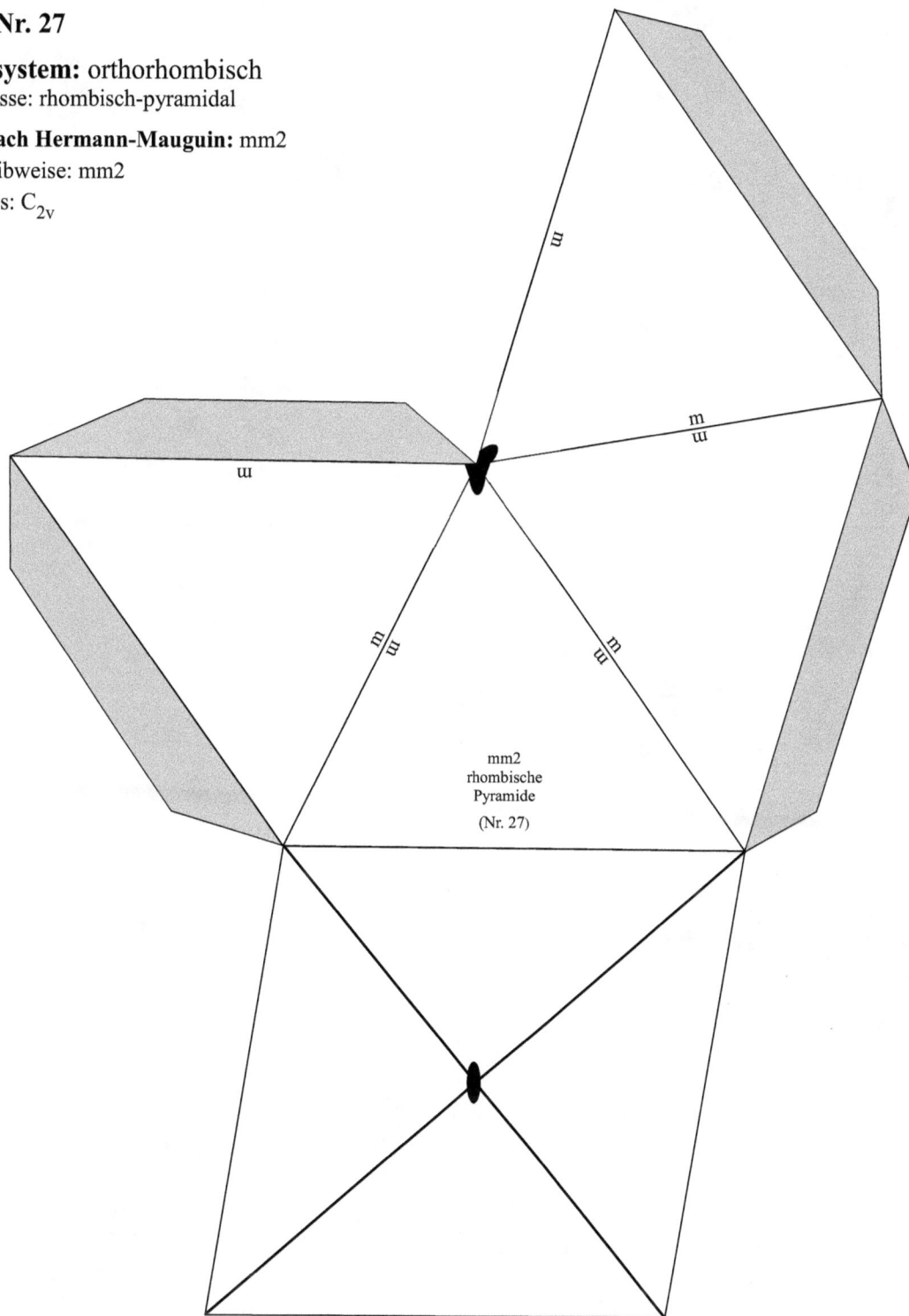

m

m

m

m

m

m

mm2
rhombische
Pyramide

(Nr. 27)

Modell-Nr. 27

c

b

a

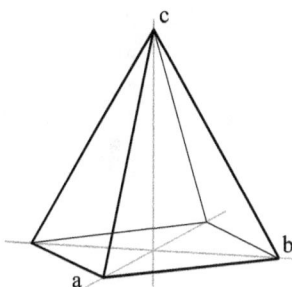

Kristall der allgemeinen Form
mit kristallographischen Achsen

rhombisch-pyramidale Kristallklasse

Symbol nach Hermann-Mauguin: mm2   Kurzschreibweise: mm2

Symmetrieelemente	Symbol	Anzahl	Lage im Kristall
2-zählige Drehachsen	●	1p p = polar	∥ zur c-Achse
Spiegelebenen	m	1 / 1	⊥ zu den a- und b-Achsen
Enantiomorphie	nicht vorhanden		

Modell-Nr. 28

Kristallsystem: monoklin
Kristallklasse: monoklin-prismatisch

Symbol nach Hermann-Mauguin: $\frac{2}{m}$

Kurzschreibweise: $\frac{2}{m}$
Schoenflies: C_{2h}

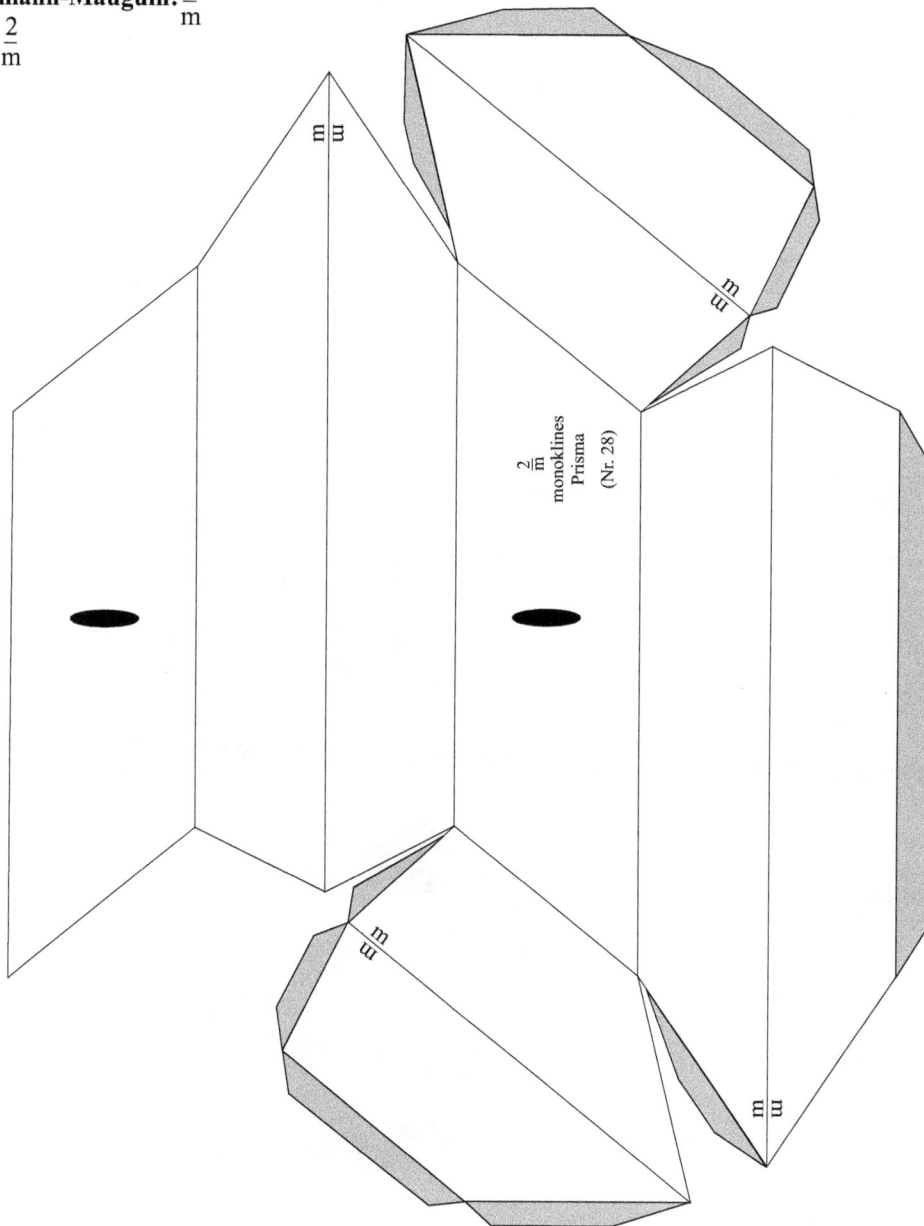

$\frac{2}{m}$
monoklines
Prisma
(Nr. 28)

Modell-Nr. 28

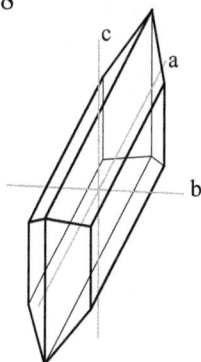

Kristall der allgemeinen Form
mit kristallographischen Achsen

monoklin-prismatische Kristallklasse

Symbol nach Hermann-Mauguin: $\frac{2}{m}$ Kurzschreibweise: $\frac{2}{m}$

Symmetrieelemente	Symbol	Anzahl	Lage im Kristall
2-zählige Drehachsen	⬬	1	∥ zur b-Achse
Inversionszentrum	$\bar{1}$	1	Kristallzentrum
Spiegelebenen	m	1	⊥ zur b-Achse
Enantiomorphie	nicht vorhanden		

Modell-Nr. 29

Kristallsystem: monoklin
Kristallklasse: monoklin-domatisch

Symbol nach Hermann-Mauguin: m
Kurzschreibweise: m
Schoenflies: C_S

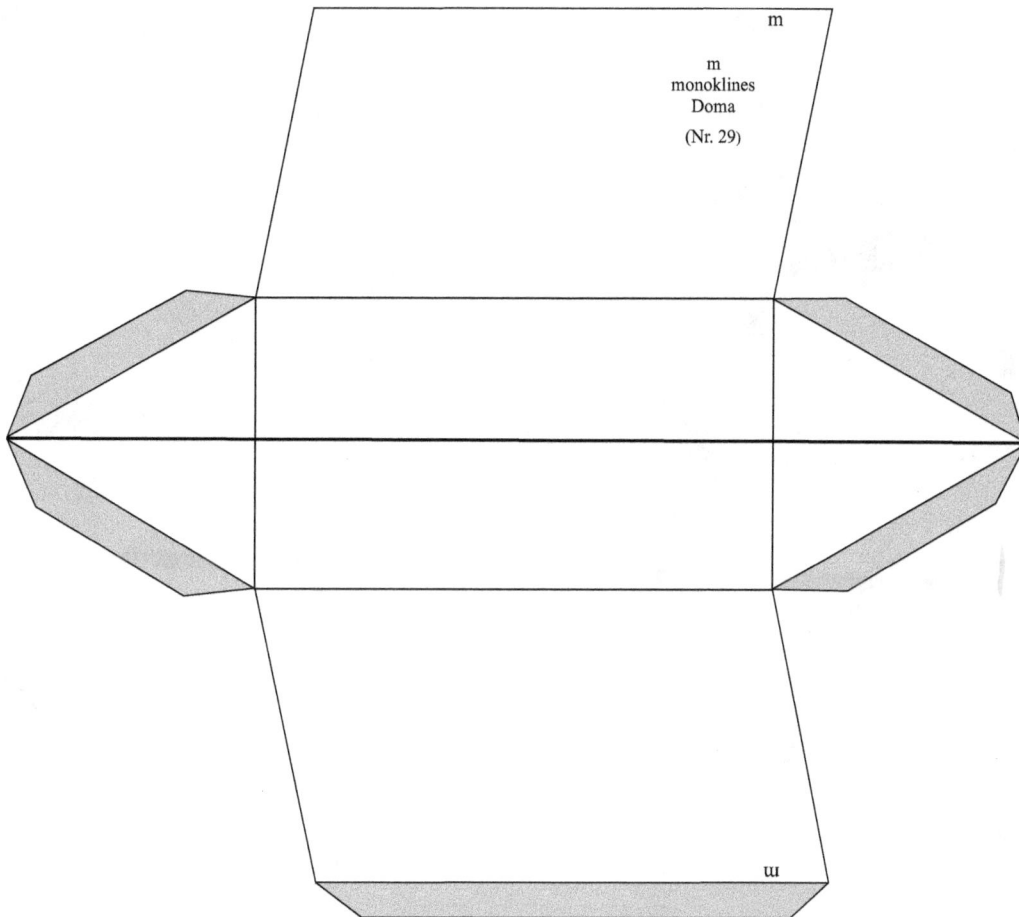

m

m
monoklines
Doma
(Nr. 29)

m

- -

Modell-Nr. 29

c

a

b

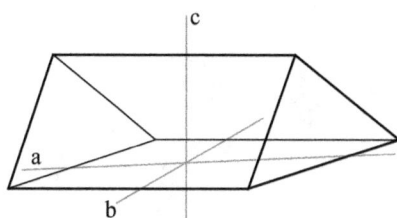

Kristall der allgemeinen Form
mit kristallographischen Achsen

monoklin-domatische Kristallklasse

Symbol nach Hermann-Mauguin: m   Kurzschreibweise: m

Symmetrieelemente	Symbol	Anzahl	Lage im Kristall
Spiegelebenen	m	1	⊥ zur b-Achse
Enantiomorphie	nicht vorhanden		

Modell-Nr. 30

Kristallsystem: monoklin
Kristallklasse: monoklin-sphenoidisch

Symbol nach Hermann-Mauguin: 2
Kurzschreibweise: 2
Schoenflies: C_2

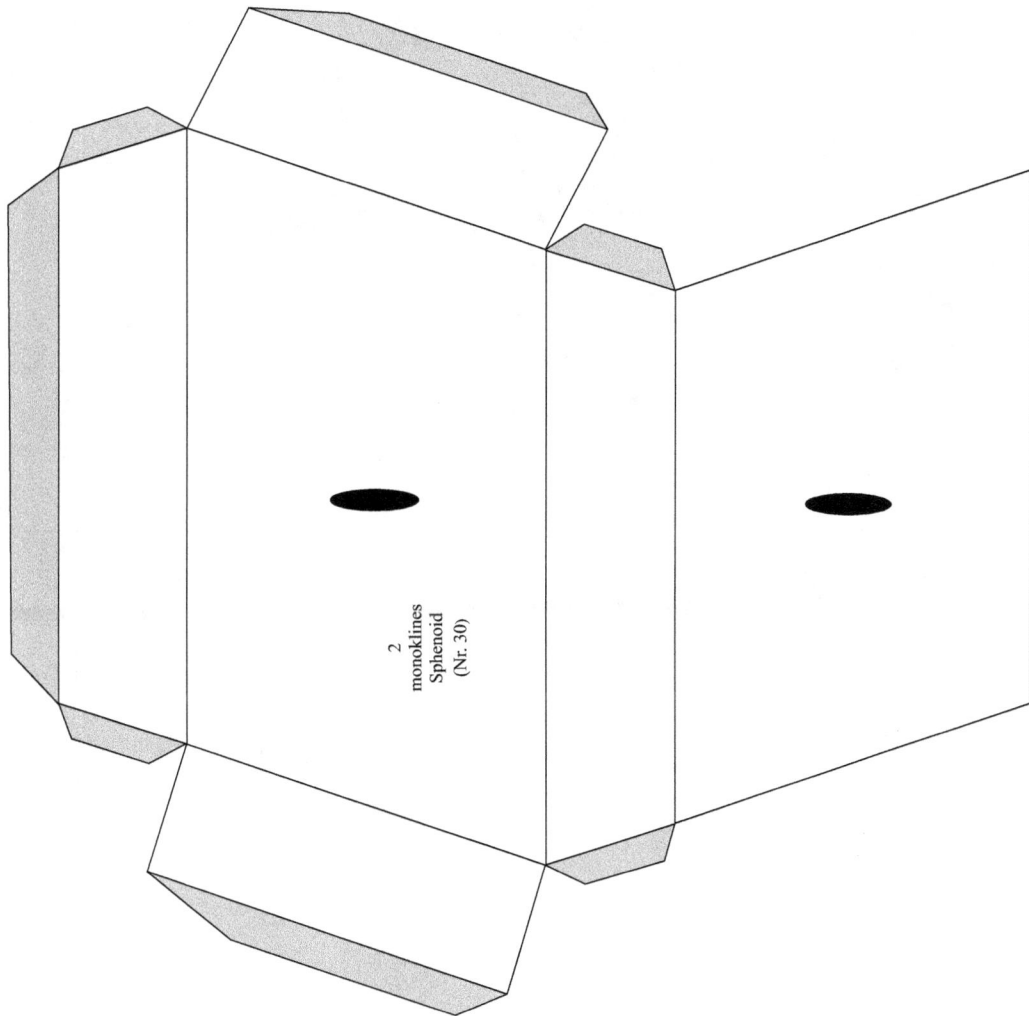

2
monoklines
Sphenoid
(Nr. 30)

- -

Modell-Nr. 30

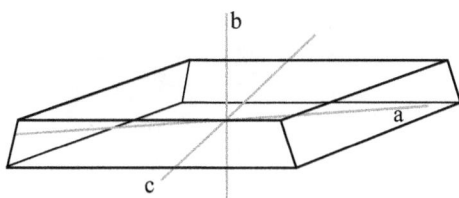

Kristall der allgemeinen Form
mit kristallographischen Achsen

monoklin-sphenoidische Kristallklasse

Symbol nach Hermann-Mauguin:2   Kurzschreibweise: 2

Symmetrieelemente	Symbol	Anzahl	Lage im Kristall
2-zählige Drehachsen	⬤	1p p = polar	‖ zur b-Achse
Enantiomorphie	vorhanden		

Modell-Nr. 31

Kristallsystem: triklin
Kristallklasse: triklin-pinakoidisch

Symbol nach Hermann-Mauguin: $\bar{1}$

Kurzschreibweise: $\bar{1}$
Schoenflies: C_i

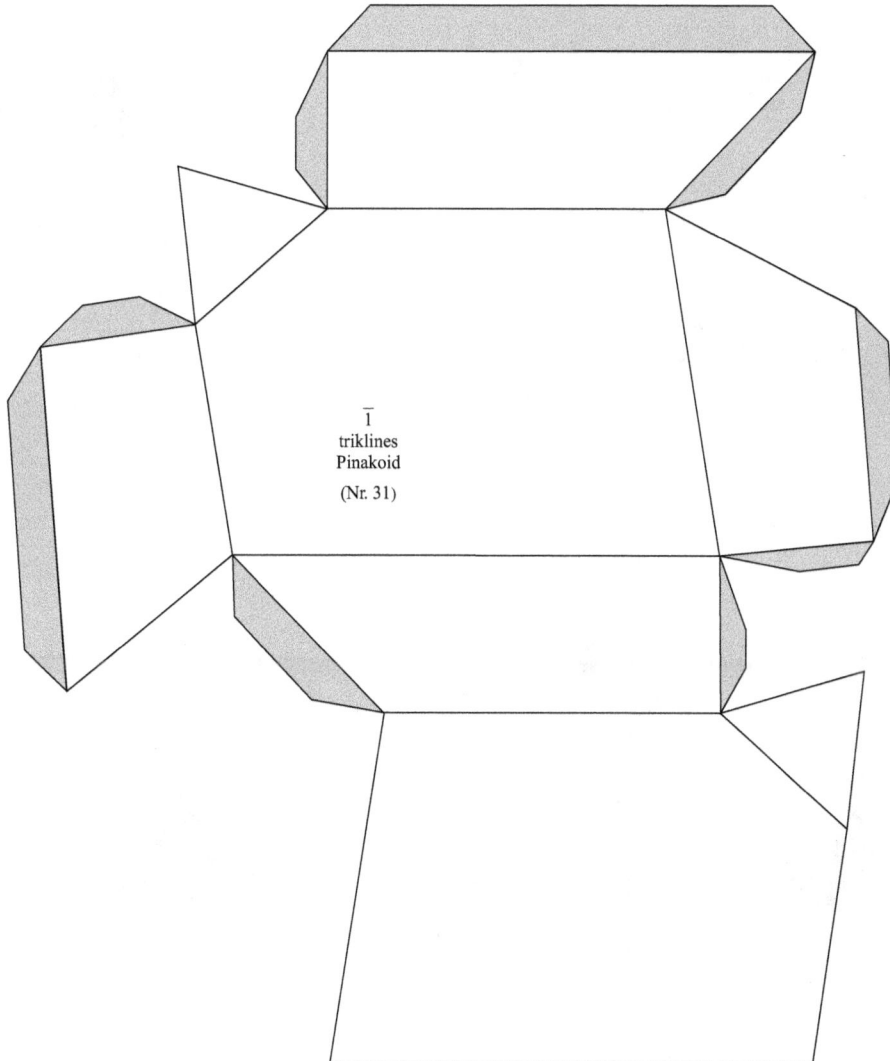

$\bar{1}$
triklines
Pinakoid

(Nr. 31)

- -

Modell-Nr. 31

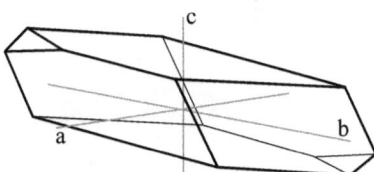

Kristall der allgemeinen Form
mit kristallographischen Achsen

triklin-pinakoidische Kristallklasse

Symbol nach Hermann-Mauguin: $\bar{1}$ Kurzschreibweise: $\bar{1}$

Symmetrieelemente	Symbol	Anzahl	Lage im Kristall
Inversionszentrum	$\bar{1}$	1	Kristallzentrum
Enantiomorphie	nicht vorhanden		

Modell-Nr. 32

Kristallsystem: triklin
Kristallklasse: triklin-pedial

Symbol nach Hermann-Mauguin: 1
Kurzschreibweise: 1
Schoenflies: C_1

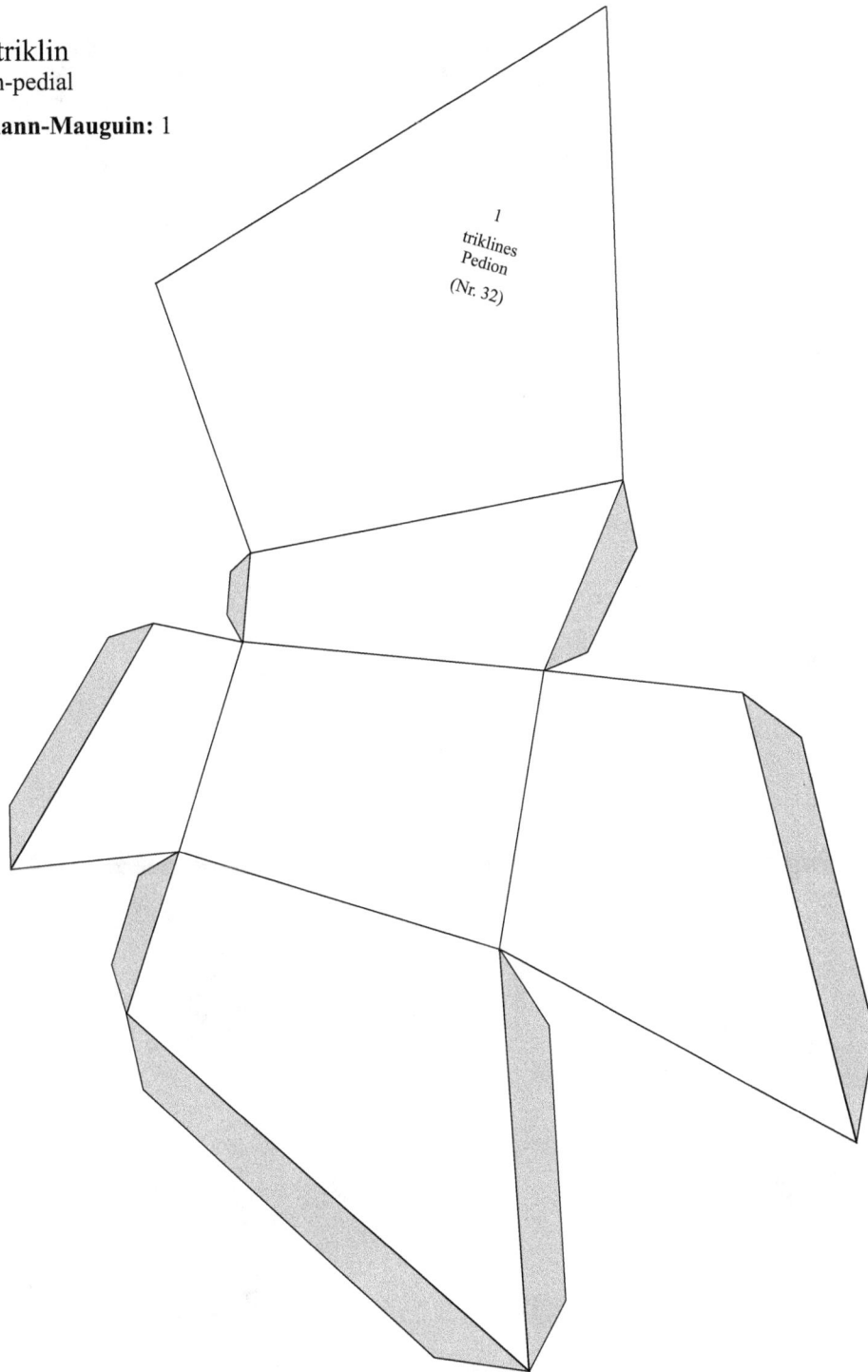

1
triklines
Pedion
(Nr. 32)

Modell-Nr. 32

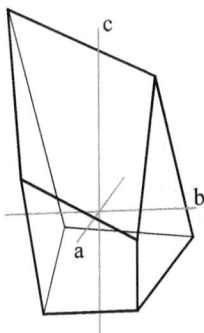

Kristall der allgemeinen Form
mit kristallographischen Achsen

triklin-pediale Kristallklasse

Symbol nach Hermann-Mauguin: 1   Kurzschreibweise: 1

Symmetrieelemente	Symbol	Anzahl	Lage im Kristall
Symmetrieelemente	-	-	keine Symmetrieelemente vorhanden
Enantiomorphie	vorhanden